橡胶混凝土力学特性

——断裂、疲劳、冲击

曹小武　陈徐东　白　银　曹志伟　著

东南大学出版社

SOUTHEAST UNIVERSITY PRESS

·南京·

内 容 提 要

随着汽车以及橡胶工业的发展,以轮胎为代表的橡胶制品产量激增,废旧橡胶制品的回收利用也随之成为一个重要的环境问题。大量的试验研究表明,橡胶颗粒的加入可以使混凝土获得许多优异的性能,尤其是提高混凝土的韧性和抗冲击性能,这大大促进了橡胶混凝土在土木工程中的应用。但现阶段橡胶混凝土力学特性的系统试验数据及理论分析尚显不足。本书分别针对橡胶混凝土的断裂特性、疲劳特性以及冲击力学特性开展了深入研究,揭示了橡胶混凝土板状结构的受力特性。

本书可供输水工程、道路工程混凝土材料或结构相关研究、设计、施工人员和高校师生参考使用。

图书在版编目(CIP)数据

橡胶混凝土力学特性 :断裂、疲劳、冲击 / 曹小武
等著. —南京:东南大学出版社,2021.10
ISBN 978 - 7 - 5641 - 9575 - 5

Ⅰ. ①橡… Ⅱ. ①曹… Ⅲ. ①橡胶—混凝土—力学性
能—研究 Ⅳ. ①TU528.59

中国版本图书馆 CIP 数据核字(2021)第 119158 号

橡胶混凝土力学特性——断裂、疲劳、冲击

著　　者:曹小武　陈徐东　白　银　曹志伟
出版发行:东南大学出版社
社　　址:南京市四牌楼 2 号　　邮编:210096
出 版 人:江建中
责任编辑:杨　凡
网　　址:http://www.seupress.com
经　　销:全国各地新华书店
印　　刷:江苏凤凰数码印务有限公司
版　　次:2021 年 10 月第 1 版
印　　次:2021 年 10 月第 1 次印刷
开　　本:700 mm×1000 mm　1/16
印　　张:12
字　　数:249 千字
书　　号:ISBN 978-7-5641-9575-5
定　　价:69.00 元

本社图书若有印装质量问题,请直接与营销部联系。电话(传真):025-83791830

前　言

随着汽车以及橡胶工业的发展,以轮胎为代表的橡胶制品产量激增,废弃橡胶制品的回收利用也随之成为一个重要的环境问题。试验研究表明,混凝土中加入橡胶颗粒可以获得许多优异的性能,尤其是提高混凝土的韧性和抗冲击性能,因此橡胶混凝土具有广泛的应用前景,如输水建筑物的混凝土底板、道路工程中的路面板等反复承受弯曲荷载的板状结构等。

橡胶混凝土的力学特性相较于普通混凝土存在一定的差异性,普通混凝土的断裂本构关系无法直接运用到橡胶混凝土,而当前对橡胶混凝土在不同荷载条件作用下断裂损伤演化规律的研究还不够深入,无法满足实际工程需要。在实际工程中,混凝土材料往往会受到疲劳荷载作用。例如作为输调水隧洞底板、路面板等材料,不可避免地会受到水流冲击或来往车辆往复荷载的作用。又比如地震灾区,地震荷载不断地对结构物施加高应力的往复加卸载作用力。低周疲劳荷载引起的结构物抗拉余度的降低会最终导致结构物的坍塌,而现有的橡胶混凝土的研究成果尚且不能很好满足上述实际情况下结构物的设计需求。橡胶混凝土材料在服役期间也会受到偶然冲击荷载作用,根据现有学者研究,混凝土等脆性材料在冲击荷载作用下,其力学特性会随着应变率的增大而发生变化。同时,在科学研究上,强动力荷载的试验往往具有一定的难度,往往需要结合数值模拟方法。这就需要更多橡胶混凝土在高应变率下的动态力学特性参数。因此,探究橡胶混凝土裂缝扩展规律确定其断裂本构关系,研究其疲劳力学特性和动力学特性,具有十分重要的工程价值。

基于以上背景,本书介绍了橡胶混凝土的断裂、疲劳、冲击等力学特性,主要分为六个章节。第一章为绪论,主要介绍了本书的研究背景及意义,总结了橡胶混凝土的研究现状以及本书的主要研究内容。第二章主要介绍了橡胶混凝土的配制方法和浇筑工艺,展示了橡胶混凝土的基本力学性能参数。第三章改进了传统的DPT 技术,提出了橡胶混凝土断裂韧性的定量评价方法。针对橡胶混凝土开展了轴拉和弯拉断裂试验,基于试验结果构建了橡胶混凝土直接拉伸本构模型,模拟了橡胶混凝土断裂过程的三维细观结构,并结合声发射参数建立了橡胶混凝土损伤评价模型。第四章针对橡胶混凝土开展了不同应力水平、不同应力率以及不同加载频率下的轴拉疲劳试验与弯拉疲劳试验,研究了橡胶混凝土在循环荷载下的断裂力学特性,揭示了疲劳荷载下橡胶混凝土的孔结构变化特征。第五章针对橡胶混凝土开展了不同冲击气压下的动态压缩,劈拉和弯拉试验,获得了动态荷载下橡胶混凝土材料的抗动力特性和动态损伤演化规律,探究了不同橡胶掺量和流动度对橡胶混凝土动态力学特性的影响。基于以上研究基础,第六章针对橡胶混凝土板状结构开展了断裂和疲劳试验,结合有限元分析模型建立了结构断裂模型,构建了橡胶混凝土板状结构疲劳寿命预测模型。本书提供的研究成果有效填补了目前橡胶混凝土研究领域的薄弱部分,相关试验数据和计算结果可作为数值模拟的关键参数,对橡胶混凝土在实际工程中的推广应用起到了重要作用。

本书由深圳市东江水源工程管理处、河海大学、水利部交通运输部国家能源局南京水利科学研究院、云南省公路科学技术研究院合著。全书篇章分工如下:第一章由曹小武、陈徐东执笔,第二章由陈徐东、石丹丹执笔,第三章由白银、梁建文、胡良鹏执笔,第四章由曹小武、张伟、周文执笔,第五章由白银、宁逢伟、王佳佳、董世伟执笔,第六章由曹志伟、陈徐东执笔。同时,对参与本书编辑、设计和校对的东南大学出版社杨凡等编辑表示感谢。

本书的完成还要感谢以下基金项目的支持:国家重点研发计划项目资助(2018YFC0406702)、国家自然科学基金项目资助(51739008)、云南省交通运输厅科技项目资助[云交科教〔2016〕56 号一(三)]。

本书的编写和出版,还得到了南京水利科学研究院出版基金的资助,在此一并表示衷心感谢!

鉴于编者水平有限,书中难免会有错误和纰漏之处,敬请各位专家和广大读者批评指正。

作者
2021 年 4 月 20 日于南京

目　　录

1

绪论

1.1 研究背景及意义

随着社会生产力的不断发展,我国已经成为世界废橡胶产生量最大国家之一。废橡胶是固体废弃物的一种,由于其难以降解,已经成为名副其实的"黑色污染",是仅次于废塑料的一种高分子污染物。

废橡胶最主要的来源为废旧轮胎。据世界环保组织统计,目前全球每年有 15 亿条轮胎报废,平均每天都有 400 多万条轮胎进行报废处理,其中有超过 50%的轮胎未经处理便被丢弃或掩埋,这不仅带来了严峻的生态环境恶化,也造成了巨大的资源浪费。预估到 2030 年,每年全球因过量生产而堆积储存的废旧轮胎将增加至 50 亿条,同时掩埋丢弃的废轮胎数量也将达到 12 亿条。在我国,据不完全统计,2010 年,我国年均废橡胶轮胎产量为 2.5 亿条。至 2018 年,年均废轮胎产量达 3.8 亿条,增长率约为 50%。2010—2018 年,我国每年的废旧轮胎产生量如图 1-1 所示。

到目前为止,我国的废旧轮胎仍以每年 8%至 10%的速度递增产生。2020 年,我国全年废轮胎产生量超过 2 000 万吨。2011—2016 年,我国每年的废轮胎回收并无害化处理率不足 50%,如表 1-1 所示。

废轮胎通常采用露天堆放的方式存储,这不仅占据了大量的土地资源,长期的堆积还会产生自燃引起火灾,且易滋生蚊虫传播疾病。日益加剧的"黑色污染"已成为全球性环境治理难题,也给我国本已脆弱的生态环境雪上加霜,因此治理废旧轮胎造成的环境问题刻不容缓。

对于废旧轮胎的回收利用问题,目前采取了各种各样的办法。最常见的方法就是废旧轮胎的直接利用,即直接对废旧轮胎进行修理、还原等,把废旧轮胎重新加工成新的轮胎,重复使用。这种方法既经济又有效,而且还可以减少新橡胶轮胎的生产。除此以外,也可以将废旧轮胎破碎成废弃橡胶,然后对其进行热分解、燃料利用、生产为再生橡胶。但是这些处理过程中往往会产生大量的再生污染物,会

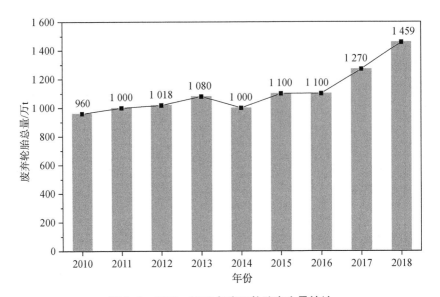

图 1-1　2010—2018 年废旧轮胎产生量统计

表 1-1　2011—2016 年我国废轮胎回收率

年份	2011	2012	2013	2014	2015	2016
废轮胎产生量/万 t	1 000	1 018	1 080	1 000	1 100	1 100
废轮胎回收量/万 t	329	370.3	375	430	501.6	504.8
废轮胎回收率/%	32.9	36.4	34.7	43	45.6	45.9

造成一定程度的污染。同时再生橡胶的生产存在利润低、劳动力大、生产的流程长等一系列缺点。因此,再生橡胶也不被提倡作为废旧轮胎处理的主要方式。

为了响应国家生态保护的号召,废弃橡胶的资源化利用逐渐成了学者们关注的热门话题。随着我国经济的不断发展以及我国西部大开发战略的逐渐展开,我国正在或需要在恶劣环境条件下兴建大量的大型基础工程,这些工程举足轻重;同时,为了适应我国经济发展的要求,现有大量的基础设施需要进行改造。因此,迫切需要进一步改善传统混凝土材料延性差、易于开裂以及抵抗环境介质侵蚀能力较差的性能特点。

利用废旧橡胶组分的优点,对传统建筑材料进行改性是非常有效的技术途径,如橡胶颗粒改性沥青混凝土、废旧橡胶颗粒水泥混凝土等。通过机械剪切将废橡胶轮胎制成橡胶颗粒或是粉末是橡胶废物再利用到水泥基材料中的重要形式,如图 1-2 所示。将橡胶颗粒掺入混凝土里面,可以在保证混凝土强度的前提下,提高混凝土的很多性能,例如降低混凝土重量,提高混凝土韧性、消声隔热、抗疲劳、耐磨抗裂、抗渗性、抗冻融等特性。

（a）粗橡胶颗粒   （b）细橡胶颗粒

图 1-2 粗细橡胶颗粒

橡胶混凝土材料不仅可以有效提高混凝土材料的力学性能，还能够吸收噪声，降低结构磨损；并且其生产流程简单，节约了劳动力，同时实现了废旧橡胶的循环利用，可有效缓解"黑色污染"的大肆泛滥，符合国家生态环境保护的战略需求。现有研究成果也表明，橡胶混凝土中的橡胶颗粒或粉末并不会对混凝土材料的化学作用产生影响。

1.2 研究现状

1.2.1 强度

国内外学者通过试验对废旧橡胶颗粒混凝土的抗压、抗折、劈裂抗拉等强度的变化规律开展了大量研究。Eldin 和 Senouci 测试了用轮胎片或碎颗粒代替了部分骨料的橡胶混凝土的抗压强度和抗拉强度。测试结果表明，当粗骨料被橡胶骨料完全取代时抗压强度和抗拉强度可以分别降低到对照普通混凝土的 85% 和 50%。与粗骨料替代混凝土相比，细骨料替代混凝土的抗压强度损失更小，抗压强度约为未掺橡胶的混凝土抗压强度的 65%。Bayomy 和 Khatib 用两种轮胎橡胶分别取代了混凝土的细骨料和粗骨料。在试验中制备了三组样品，其中包括细橡胶颗粒取代细骨料、粗橡胶条取代粗骨料以及粗骨料和细骨料同时被等体积部分替代。每组的橡胶含量为 5% 到 100% 不等。他们发现，当橡胶含量达到 40% 时，坍落度接近于零，混凝土也不能被人工拌和。他们还发现，橡胶混凝土中的含气量比未掺橡胶的普通混凝土要高，因为橡胶颗粒的粗糙表面可以在混凝土拌和时引入空气。试验结果表明,混凝土中橡胶含量越高,混凝土的抗压强度的损失率越大。当橡胶含量超过骨料总体积的 60％时,抗压强度降低到未掺橡胶的混凝土的 10％。Ganjian 等人用不同体积掺量的橡胶取代了骨料和水泥对橡胶混凝土的性能进行了研究。他们在试验中制备了两组样本。在这两组样本中,混凝土的粗骨料和水泥分别被不同比例的橡胶颗粒和废胶粉所取代。试验结果表明,当混凝土中仅有 5％的骨料或水泥被替换为橡胶时,抗压强度的降低是微乎其微的。当掺量较高(7.5％和 10％)的时候,抗压强度的损失十分明显。特别是用橡胶粉取代水泥的样品的抗压强度损失率比等体积橡胶颗粒取代骨料的样品要大得多。另外,随着混凝土中橡胶含量的增加,抗拉和抗弯强度也会明显降低。Topcu 等通过试验研究了粗、细橡胶粒径对混凝土强度的影响。试验结果表明,相对于基准混凝土,掺细橡胶颗粒的环形和圆柱状混凝土试块的抗压强度下降了 50％,劈裂抗拉强度下降了 64％;掺粗橡胶颗粒的环形和圆柱状混凝土试块的抗压强度下降了 80％,劈裂抗拉强度下降了 74％。Dong 等人研究了未经处理的橡胶以及涂有硅烷偶联剂的橡胶掺入混凝土后的混凝土性能。据观察,由于橡胶颗粒周围更好的化学键合和界面改善,涂层橡胶混凝土的抗压强度显著提高。Onuaguluchi 和 Panesar 观察到橡胶经过碱洗和加入硅粉都能有效地提高橡胶混凝土的抗压强度。Youssf 等人提到,当废橡胶以 3.5％的取代率代替骨料时,橡胶的掺入对混凝土的抗压强度没有任何明显的影响。与未经处理的橡胶颗粒相比,经 NaOH 处理的橡胶颗粒掺入制备的橡胶混凝土在 28 天时抗压强度提高了 15％。

综上试验结果表明,橡胶的掺入降低了混凝土的抗压、抗折、劈裂抗拉强度。但下降幅度随橡胶颗粒的掺量、粒度、形状的不同有所差异。对混凝土强度影响较大的是橡胶的掺量,随橡胶掺量的增加,橡胶混凝土的强度损失不断加大。Ganjian等人提到了橡胶混凝土抗压强度下降的原因,主要分为以下四点:第一,骨料将被包含橡胶颗粒的水泥浆包围,这些水泥浆体的强度比普通的水泥浆更弱,这导致在荷载作用下橡胶颗粒周围的微裂纹会快速扩展,进而导致试件迅速失效。第二,相对于普通骨料与水泥浆的黏结性能,橡胶颗粒与水泥浆的黏结性能较差。这导致应力分布不均匀,因此更容易形成裂缝。第三,抗压强度依赖于材料的连续性,而部分骨料被橡胶颗粒取代后,承载能力被严重削弱。第四,由于橡胶的密度较低,并且与其他混凝土材料的黏结能力较弱,橡胶颗粒有上浮到混凝土表面的趋势,导致了顶层橡胶颗粒的集中。

1.2.2　断裂韧性

研究表明,橡胶的掺入能显著提高混凝土的韧性。Khaloo 等人研究发现,在 25％的体积掺量范围内,普通橡胶混凝土的韧性随着橡胶掺量的增长持续上升。然而如果超出这个范围,普通橡胶混凝土的韧性将随着橡胶掺量的增长而下降。

Taha 发现普通橡胶混凝土的断裂韧性随着橡胶掺量的增长而显著提高,其中最大的断裂韧度发生在橡胶取代率为 75% 时,此时的断裂韧度相对于对照组增长了 350%,取代率为 25% 的橡胶混凝土增长了 132%。这些发现与其他几项研究是一致的。此外,在第一个裂缝出现到混凝土失效的过程中,掺加橡胶颗粒也能大大增加对断裂失效的抵抗能力。然而,与天然骨料混凝土相比,橡胶混凝土的裂缝宽度和扩展度更大。这种现象可能是由于较高的峰值应变率所导致的,而这反过来又导致了能量吸收的增加。在设计的试验中,当橡胶颗粒完全替代粗骨料时,发现了裂纹扩展宽度可以增加为 187%。由超声脉冲速度计确定的动态弹性模量的结果显示,橡胶混凝土的弹性模量随着橡胶掺量的增加而下降,而与橡胶的形状无关。

研究发现,与普通橡胶混凝土相比,橡胶混凝土的刚度损失更低,这可以很明显地归因于其微观结构的改善,因为其改善了界面过渡区的接触。试验结果显示,由于橡胶混凝土有更高的峰后反应,橡胶混凝土的韧性比普通混凝土的强,但峰值荷载的降低又导致了断裂能的降低。橡胶混凝土也被发现比普通混凝土具有更大的延性,因为较高的峰值应变允许在屈服点之前发生更大的塑性变形。据 Zheng 的研究,由于橡胶混凝土的延性性能(使用橡胶条)比普通混凝土高,它的脆性指数(BI)比普通混凝土要低,而且掺入条状橡胶相比橡胶颗粒,混凝土的 BI 随橡胶掺量的下降速率更快。

Abaza 等人证明钢筋混凝土梁中橡胶颗粒每增加 15%、35% 和 50%,试件韧性分别降低 21.4%、27.8% 和 49.3%。Khaloo 等人研究表明随着橡胶颗粒掺量的增加,混凝土材料的脆性逐渐降低,当掺量分别为 20% 和 40% 时,脆性分别降低 23% 和 29%。张剑洪通过三点弯断裂试验研究表明,结构断裂能随橡胶颗粒掺量的增加先增大后减小,在掺量为 8% 时断裂能达到最大。橡胶颗粒由于其良好的韧性对混凝土的抗冲击性能具有显著的增强作用。弯拉疲劳试验研究表明,橡胶混凝土在疲劳荷载下耗散能和疲劳破坏次数比素混凝土明显增大。

对循环弯拉荷载下普通混凝土路面断裂力学性能的研究也已经有很多,许多研究者也同时提出了重要的半经验疲劳模型。Oh 提出了疲劳弯拉荷载下混凝土的循环破坏次数的分布模型,对传统的混凝土疲劳次数预测模型起到补充作用。断裂力学理论也被广泛应用于疲劳荷载下混凝土裂缝扩展的研究中,提出的裂缝扩展模型 Paris 模型在预测混凝土疲劳断裂中起到重要作用。刘峰等人研究了橡胶混凝土的四点弯拉疲劳力学性能,结果表明,随橡胶颗粒掺量的增加,相同应力比循环荷载下,试件疲劳破坏次数显著增大,疲劳极限应力比随橡胶颗粒掺量的增加而增加。总结文献发现,研究焦点仍是普通混凝土,关于橡胶颗粒混凝土的断裂力学性能研究目前还很少。

1.2.3 动态力学性能

橡胶混凝土的冲击力学性能已经被广泛研究,近年来,橡胶混凝土动态力学性能的试验方法多为落锤法和霍普金森压杆法。而且研究主要集中在橡胶混凝土的动态抗压性能上。

Atahan 对 18 个包括不同含量的粗粒和细粒碎料橡胶的混凝土样品进行了动态力学测试,以评估橡胶在混凝土能量耗散上的作用。试验结果表明,增加橡胶的用量能降低混凝土的强度和弹性模量,同时显著提高冲击时间和能量耗散能力。另外得到用橡胶颗粒以 20%～40% 的体积取代率取代骨料时能有效地提高混凝土的强度、断裂阻力和能量损耗。在影响程度严重的区域,橡胶颗粒掺量超过 60% 的橡胶混凝土能明显减少混凝土的冲击破坏程度,而且断裂或破碎的影响是可以接受的。这一配合比设计可应用于高速公路的设计。

Al-Tayeb 通过试验和数值模拟,研究了以 5%、10%、20% 的体积取代率的细碎橡胶粒取代细骨料对混凝土抗冲击载荷的影响。尺寸为 400 mm×100 mm×50 mm 的试件被分别施以落锤试验和静态试验。在这两种情况下,研究了载荷位移和断裂能量,并用有限元方法对动态梁的行为进行了数值分析。结果表明,随着橡胶取代率的增大,冲击面,惯性和弯曲载荷明显增大,而静态峰值的弯曲载荷始终减小。相比较于静态荷载作用,在冲击荷载作用下橡胶混凝土更强、有更多的能量耗散。

Gupta 对混凝土的抗冲击性能进行了评估,探讨了废橡胶纤维取代细骨料和硅灰取代水泥分别在 0～25% 和 0～10% 取代率下对混凝土抗冲击性能的影响。对混凝土的冲击试验采用了三种不同的技术,分别为落锤试验、弯曲载荷试验和回弹试验。此外,还建立了落锤试验、弯曲载荷试验和回弹试验之间的碰撞试验结果。研究表明,该橡胶制作的纤维可作为一种可持续性材料,以提高混凝土的抗冲击性和延性。这项研究也证明了硅灰可以提高橡胶混凝土的抗冲击性,降低其延性。Gupta 还利用落锤试验研究了用橡胶粉代替细骨料对冲击和疲劳载荷的响应效果。并采用扫描电镜和光学显微镜对橡胶混凝土的微结构特性进行了研究。研究发现,在混凝土中加入橡胶粉和橡胶纤维能增强抗冲击和疲劳负荷的能力。

Ismail 通过试验研究了橡胶颗粒对混凝土的抗冲击性和隔音效果的影响。这项研究的目的是最大限度地提高橡胶混凝土中橡胶颗粒的比例,使其在实际工程中具有很高的潜在应用价值,包括高的抗冲击性能、能量耗散和声吸收性能。研究结果表明,与传统混凝土相比,橡胶混凝土在能量吸收、隔音、减重等方面具有较高的发展潜力和具有较好的改善效果。随着橡胶掺量的增加,橡胶混凝土从第一个可见裂缝出现到混凝土失效所需的能量明显上升。

Moustafa 研究了用废轮胎颗粒代替细骨料的混凝土的动态力学特性。设计了两种不同配合比的橡胶混凝土。采用落锤试验和冲击锤作用下简支梁的自由振动试验研究了黏滞阻尼比。研究结果表明,当橡胶颗粒对细骨料的取代率不超过20%时抗冲击阻尼随取代率的增加而增加。当取代率超过20%时,橡胶颗粒的阻尼增长将不再明显。随着橡胶含量的增加,其断裂能和平均滞后阻尼也有所增加。对橡胶混凝土进行微观研究后发现,橡胶掺量的选择和混合工艺的选择对橡胶混凝土的动态性能有显著的影响。

Topçu 利用粒径为 1.7 mm 和 2.2 mm 的橡胶颗粒,取代混凝土中粗集料的百分率为 15%、30% 和 45%,制成 ϕ150 mm×300 mm 的橡胶混凝土试件,达到规定的龄期后进行落锤试验,结果表明,橡胶颗粒有利于提高混凝土的抗冲击性能,特别是掺入较大的橡胶颗粒对混凝土抗冲击性能提高更多。

Fattuhi 和 Clark 的试验研究结果表明,橡胶混凝土的强度低于普通混凝土,但强度较低的橡胶混凝土与强度较高的普通混凝土对抗动态冲击的能力基本相同。

赵志远等人利用橡胶颗粒等体积取代的细集料,制成直径为 150 mm、高为 300 mm 的橡胶混凝土试件进行一系列的落锤试验,发现虽然混凝土抗压强度下降了34%,但其抗冲击次数却提高了 6.2 倍。除此之外,还发现复合掺加橡胶颗粒和高弹性模量聚乙烯醇纤维后,橡胶混凝土抗冲击次数是素混凝土的 8.3 倍,为单掺橡胶粉的 1.3 倍,由此表明通过掺加橡胶颗粒和聚乙烯醇纤维共同改性的混凝土具有更佳的抗冲击性能,同时指出橡胶混凝土在冲击破坏过程中,橡胶颗粒既缓解了裂纹尖端的应力集中又发挥了耗能的作用,而聚乙烯醇纤维发挥了阻裂、耗能的作用。然而,落锤试验不能考虑惯性效应,不能得到整个过程的应力-应变曲线。测量数据只能停留在相对意义上的比较。相对而言,霍普金森压杆可以更好地评价混凝土的动态力学性能,因为该设备可以在混凝土劣化的不同阶段获得具体的动态的信息。另外,使用霍普金森压杆可达到 100 s^{-1} 的应变速率,而落锤试验仅能达到 10 s^{-1} 左右。因此国内的研究较多采用分离式霍普金森压杆装置去研究橡胶混凝土在高应变率下的动态力学性能。

郭永昌通过霍普金森压杆研究了橡胶颗粒体积分数为 0~20% 的橡胶混凝土的抗冲击压缩性能。试验结果表明,橡胶混凝土在不同应变率下表现出了明显的应变率效应,且混凝土应变率增强效应和变形性能均随着应变率的增加而增加。从破坏模式上看,橡胶混凝土相对于普通混凝土也更优。

刘峰利用霍普金森压杆对取代率在 0~20% 的橡胶混凝土在重复冲击荷载下的动态力学性能进行了试验研究,对比分析了橡胶含量对橡胶混凝土的动态性能的影响,并对其影响进行了探讨。试验结果表明,橡胶混凝土的抗冲击次数随着橡胶含量的降低而增加。在冲击荷载作用下,橡胶混凝土的能量吸收能力比普通混凝土高。橡胶颗粒的加入,大大提高了混凝土的韧度和冲击性能。

龙广成也利用霍普金森压杆研究了掺量在 0~30% 的橡胶混凝土的应力应变

曲线,并建立了橡胶混凝土的动态力学本构关系式,分析了冲击压缩作用下橡胶混凝土的动态力学性能。试验结果显示:掺加橡胶颗粒增强了混凝土的抗冲击性能;橡胶混凝土的动态强度增长因子及其增长率均随着应变率的增大而增加;而且橡胶混凝土的应变率效应也明显低于普通混凝土;弹性模量的应变率相关性没有一致的规律。

   基于以上研究总结,可以看出目前仍缺乏利用霍普金森压杆技术对橡胶混凝土动力学行为的全面评价,即对橡胶混凝土的动态劈裂拉伸和弯曲性能的研究尚显不足。

1.2.4　微观结构

   水泥基复合材料的力学性能受材料的微观结构的影响。基体影响混凝土的力学性能和裂缝行为取决于骨料的形状和弹性。废旧轮胎的掺入增加了水泥基材料的延展性。然而,橡胶含量的增加往往会降低抗压强度,同时增加抗拉强度。

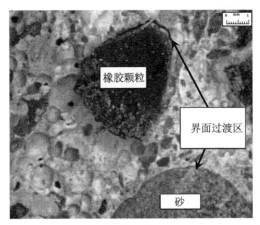

图 1-3　界面过渡区的扫描电镜图

   图 1-3 的扫描电镜图对比了水泥浆与橡胶的黏结情况,以及水泥浆与天然砂的胶结情况。在传统的水泥基复合材料中,水泥基质与硅基骨料之间存在着完全的一致性,而在可再生橡胶聚合体中,橡胶聚合体和水泥基体之间的空隙空间可以被清楚地观察到。这是合成材料的抗压强度下降的一个主要因素。前期的调查显示了适当的橡胶聚合涂层增强了橡胶与基体的黏结。黏结剂成功地改善了橡胶水泥基复合材料的抗压强度。这一发现将得到进一步的研究以确定橡胶对水泥基材料的物理性质和耐久性的影响。

   为了克服橡胶黏接的不利影响,沈蒲生等人使用了橡胶聚合物改性剂。水泥浆和矿物骨料间的一个明显的多孔界面过渡区如图 1-4(a)所示,图中非常清楚地显示了橡胶与水泥间的界面过渡区。如图 1-4(b)所示,橡胶集料混凝土显示了明显的分割线。由于橡胶聚合物存在疏水性,橡胶和水泥浆之间的界面过渡区变得薄弱。结果表明,由于聚合物的影响,橡胶骨料的水泥基材料需要一定的表面处理以使强度得到显著提高。

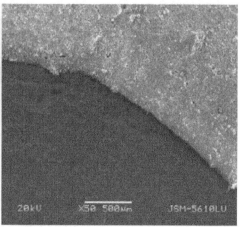

(a) 砂石   (b) 橡胶

图 1-4   不同骨料的界面过渡区的扫描电镜图

与抗压强度相比,水泥复合材料具有较低的抗拉强度。这些材料的低抗拉性能使其通常会发生断裂破坏。相关研究显示,水泥复合材料的抗拉强度可因为橡胶的掺入而增加。这一结果是由于橡胶颗粒阻止了裂缝的产生,如图 1-5 所示。Taha 研究了橡胶混凝土的力学断裂行为,并对其进行了微观结构分析。图 1-6(a) 显示在水泥基质上的轮胎橡胶颗粒从水泥浆中脱离后留下的痕迹。图 1-6(b) 显示了在轮胎橡胶颗粒中广泛的微裂纹。图 1-6(c) 显示的是一个轮胎橡胶颗粒内部的内部张力开裂的显微图。这一观察结果验证了两个相合成的应力转移和轮胎橡胶颗粒在失效前经历过的拉力,阐明了橡胶混凝土的破坏形式。

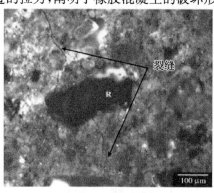

图 1-5   橡胶颗粒对裂缝的影响

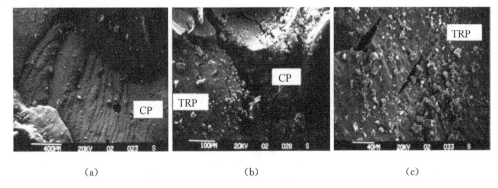

图 1-6　橡胶混凝土受力后的扫描电镜图

1.2.5　其他优势性能

1.2.5.1　隔声及隔热性能

当混凝土暴露于 300 ℃左右的温度时,毛细孔内的自由水,C-S-H 凝胶和硫铝酸盐中的水就会蒸发,导致混凝土收缩。C-S-H 凝胶在 400 ℃以上的温度下会分解转化为无水石灰。因此,高温会导致混凝土的抗压强度降低。Topçu 和 Bilir 提到,橡胶混凝土试件暴露在 400 ℃和 800 ℃温度下,表现出了较大的抗压强度损失。当橡胶颗粒在高温下燃烧,混凝土结构中会出现空隙,抗压强度的损失随着轮胎橡胶掺量的增加而增加。试件的重量损失也显示出了类似抗压强度损失的趋势。

与传统混凝土相比,橡胶混凝土具有较好的吸声性能。橡胶混凝土的降噪系数随橡胶掺量的增加而增加。硅灰的使用使混凝土的吸声性能降低。Holmes 等人对橡胶混凝土的吸声性能进行了研究。他们认为在低温、常温和高温环境中,橡胶混凝土能比普通混凝土更有效地吸收声音。在橡胶颗粒的粒径为 2～6 mm 和 10～19 mm 时,橡胶混凝土有更好的吸收系数。由于受影响范围更广,碎屑橡胶混凝土作为一种高频率的绝缘体具有更好的性能。Heitzman 等人解释了橡胶混凝土是一种能有效地吸收声音和振动能量的混凝土。随着橡胶掺量的增加,超声模量的大幅度降低,显示出了橡胶混凝土优异的吸声性能。

1.2.5.2　抗疲劳性能

Zhang 等人介绍了在约束条件下的早期内部应力演化,以及普通混凝土和橡胶颗粒混凝土的疲劳行为。结果表明,橡胶混凝土的内部应力比普通水泥混凝土的内部应力要低,且具有更长的疲劳寿命。这是由于橡胶的低弹性模量造成了应力松弛效应。Wang 等人对普通混凝土、橡胶混凝土、聚丙烯纤维(PPF)钢筋混凝土的疲劳性能进行了研究。疲劳试验表明,在混凝土中加入橡胶颗粒能极大地提高混凝土的疲劳寿命。另外,在橡胶混凝土增加 PPF 能进一步提高橡胶混凝土的疲劳寿命。

1.2.5.3 抗冻融性能

Raghavan 等人以混凝土质量的 0.6% 掺入橡胶颗粒。控制样品在冻融试验项目完成之前就失效了,而橡胶混凝土试件则展现了极小的表面剥落或者内部损伤。在冻融试验期间,橡胶混凝土的质量损失最小,而混凝土在没有掺加橡胶的情况下质量严重削减。Zhu 等人提出,胶粒的大小对胶凝混凝土的冻融性能有明显的影响。当橡胶颗粒的粒径小于 60 目时,它的抗冻融性能随着细度的增加而增强。当橡胶的大小超过 60 目时,它的抗冻融性能则随着细度的增加而降低。Al-Akhras 和 Smadi 研究了含有轮胎橡胶的砂浆的性能。控制样本对冻融循环的耐久性非常小,在 50 个周期的冻融过程后,耐久因子为 9%,相对动弹模量仅达到 55%。以 5% 的体积取代率掺入橡胶灰后,混凝土的相对动弹模量达到 55% 时,已冻融循环了 150 次,耐久因子为 28%。以 10% 的体积取代率掺入橡胶灰的混凝土冻融循环 225 次耐久因子达到 45% 时,相对动弹模量才达到 60%。因此,与控制样本相比,在砂浆中掺加轮胎橡胶灰能使其在冻融过程中更加耐用。

1.3 橡胶混凝土的应用现状

目前,在美国已经有很多试点项目在应用中创新性地使用了橡胶混凝土。例如,在科罗拉多州的邻近州,亚利桑那州立大学坦普校区已经在混凝土混合物中使用再生轮胎。自 1999 年以来,亚利桑那环境质量部门亚利桑那交通运输部(ADOT)开展了一项在亚利桑那州建造橡胶混凝土试验场的开拓性试验,论证了橡胶混凝土在道路工程中使用的可行性。佛罗里达交通运输部(FDOT)发现由高强度混合物组成的路面缺乏足够的弹性,温度的变化则会导致显著的膨胀和收缩。为了解决以上问题,他们使用粒状橡胶颗粒来代替混凝土路面材料中的细粒和粗骨料,有效提高了混凝土路面的弹性。Olivares 等人在西班牙的一个住宅区内修建了一条试验用的橡胶混凝土道路,通过一段时间的使用,发现其具有良好的使用性能。

在我国,橡胶混凝土也已经在水利、土木、交通等实际工程中得到了推广应用。学者罗福生等人研制了低强度高性能的橡胶混凝土,并将其用于前坪水库导流洞以提高水工建筑物的抗冲磨性。中南大学等科研机构通过使用橡胶颗粒取代混凝土中砂子浇筑得到橡胶混凝土轨枕。此轨枕具有优异的吸收振动能力,有效改善了混凝土轨枕的抗冲击性能和抗振性能,同时还使得火车的行驶更加平稳。此外,它还有较轻的质量和较高的耐久性。青岛市的绿叶橡胶有限公司与加拿大枫叶投资公司合作成功制备出了性能优异的橡胶混凝土轨枕。东南大学将橡胶混凝土应用于钢桥桥面的铺装,也取得了良好的效果。

当前橡胶混凝土在工程中的应用大多还是在二级或非关键结构上。Zhu 等人报道了在外墙材料中添加粒状橡胶的使用情况,发现由于橡胶混凝土良好的隔声隔热的性能能够使外墙的性能明显提高。Sukontasukkul 等人在泰国成功制作了性能优异的橡胶混凝土人行横道铺装用砖块。Pierce 和 Blackwell 研究了用橡胶颗粒作为轻质骨料掺加到混凝土中制造水渠沟槽填充材料的潜力。除此以外,橡胶混凝土的潜在用途也被考虑用于高速公路的隔音墙、住宅车道和车库等方向。另外,由于橡胶混凝土强度的提高方法不断创新,高强橡胶混凝土也被研制出来,并用于军事领域中,比如防空掩体和核工程结构等。

1.4 本书主要研究工作与研究方法

研究表明,将橡胶颗粒掺加到混凝土材料中能有效改善混凝土的韧性和变形能力。近些年来,学者们也针对橡胶混凝土的力学特性开展了深入的研究。当前,橡胶混凝土也已被推广应用于实际建设工程中。然而当前有关橡胶混凝土的研究理论基础仍较为薄弱,研究还不够全面,研究体系也尚不完善。橡胶混凝土断裂特性的探究、韧性的准确评价、疲劳性能的评估以及强动力荷载下的性能表现都逐渐成为近些年来亟待解决的问题。因此,需要开展全面的测试体系,引入更先进的方法,准确地分析,真实地评价橡胶混凝土的综合力学性能。

本书针对现阶段橡胶混凝土试验数据少、研究缺少系统性以及理论分析不完善的情况,结合试验研究、理论分析和数值模拟,系统地研究了不同橡胶掺量的橡胶混凝土的断裂特性、疲劳特性以及冲击力学特性。本书主要分为六个章节。第一章为绪论,主要介绍了本书的研究背景及意义,总结了橡胶混凝土的研究现状以及本书的主要研究内容。第二章主要介绍了橡胶混凝土的配制方法和浇筑工艺,展示了橡胶混凝土的基本力学性能参数。第三章改进了传统的 DPT 技术,提出了橡胶混凝土断裂韧性的定量评价方法。针对橡胶混凝土开展了轴拉和弯拉断裂试验,基于试验结果构建了橡胶混凝土直接拉伸本构模型,模拟了橡胶混凝土断裂过程的三维细观结构,并结合声发射参数建立了橡胶混凝土断裂损伤模型。第四章针对橡胶混凝土开展了不同应力水平、不同应力率以及不同加载频率下的轴拉疲劳试验与弯拉疲劳试验,研究了橡胶混凝土在循环荷载下的断裂力学特性,揭示了疲劳荷载下橡胶混凝土的孔结构变化特征。第五章针对橡胶混凝土开展了不同冲击气压下的动态压缩,劈拉和弯拉试验,获得了动态荷载下橡胶混凝土材料的抗动力特性和动态损伤演化规律,探究了不同橡胶掺量和流动度对橡胶混凝土动态力学特性的影响。基于以上研究基础,第六章针对橡胶混凝土板状结构开展了断裂和疲劳试验,结合有限元分析模型建立了结构断裂模型,构建了橡胶混凝土板状结构疲劳寿命预测模型。本书提供的研究成果有效填补了目前橡胶混凝土研究领域的薄弱部分,相关试验数据和计算结果可作为数值模拟的关键参数,对橡胶混凝土在实际工程中的推广应用起到了重要作用。

2

橡胶混凝土的配制及基本力学性能

2.1 引言

与普通混凝土相比,橡胶混凝土具有更加优异的延展性,在当前的土木工程建设领域中具有良好的应用前景。使用橡胶颗粒替代传统细骨料河砂,不仅能有效解决废旧轮胎等橡胶制品大量堆积的环境问题,推动生态文明的建设进程,还能节省天然资源,减少砂石开采。本章主要介绍了橡胶混凝土的配合比设计方法及浇筑工艺,并对橡胶混凝土的基本力学性能进行了测定,探究了不同橡胶掺量对橡胶混凝土力学特性的影响。

2.2 橡胶混凝土配制

2.2.1 配合比设计

橡胶颗粒通常采用体积取代法掺入混凝土替代部分细骨料。即在保证胶凝材料用量及水胶比不变的条件下,根据需替代细骨料的质量计算出相应体积,然后使用相同体积的橡胶颗粒替换细骨料进行橡胶混凝土的配制。以水胶比为 0.45 为例,橡胶掺量为 0%、5%、10% 以及 15% 的橡胶混凝土配合比如表 2-1 所示。本书中不同橡胶掺量的橡胶混凝土用字母 RC 和掺量百分比表示,例如,RC0 表示普通混凝土(橡胶掺量为 0%),RC5 表示橡胶掺量为 5% 的橡胶混凝土,之后不再说明。

表 2-1　橡胶混凝土配合比

单位:kg/m³

编号	水泥	水	细骨料	粗骨料	橡胶颗粒	减水剂
RC0	380	171	819	1 000	0	1.9
RC5	380	171	791	1 000	11.64	1.9
RC10	380	171	763	1 000	23.28	1.9
RC15	380	171	735	1 000	34.92	1.9

2.2.2 浇筑方法

如何保证橡胶颗粒在混凝土中分布均匀是橡胶混凝土浇筑的关键性问题。实际浇筑时,橡胶颗粒易聚集在一起形成"空洞",如图 2-1(a)所示,从而导致混凝土的强度急剧降低。采用现有的配置方法多次调配,发现导致橡胶颗粒分布不均匀的原因可能有以下两个:首先是由于混凝土本身凝结速度较快,流动性较差,导致橡胶颗粒易聚集成团。其次,橡胶颗粒的掺入会引入大量气泡,且橡胶颗粒密度较小,在振动过程中会随着气泡上浮。针对以上问题,试验考虑加入消泡剂和缓凝剂,以减少气泡的产生并增加混凝土的流动性。但经过反复尝试,发现效果不佳,橡胶颗粒的分布仍不均匀。大量试配后发现聚羧酸型减水剂的加入可以提高橡胶颗粒分布的均匀性,如图 2-1(b)所示。因此,在符合规范范围内,通过不断调整聚羧酸型减水剂的掺量,可以有效解决橡胶颗粒分布不均匀的问题。

(a) 橡胶颗粒分布不均匀　　　　　　　　　(b) 橡胶颗粒分布均匀

图 2-1　橡胶颗粒分布图

橡胶混凝土搅拌浇筑主要分为以下五个步骤,如图 2-2 所示。

(1) 材料称重:根据计算配合比确定每种原材料的重量,称量适量的原材料。

(2) 搅拌均匀:搅拌主要分为三步,首先将细骨料、水泥和橡胶颗粒依次加入搅拌机中搅拌 30 s;搅拌完成后加入粗骨料,干燥搅拌 2 min;最后将减水剂与水混合后一同倒入搅拌机中搅拌 3 min。

(3) 工作性能测定:搅拌完成后对橡胶混凝土进行现场工作性能测试,确定配制材料的工作性能满足要求。

(4) 装模成型:满足性能要求后,选取合适的模具进行橡胶混凝土的出料和装模。

(5) 脱模养护:成型 24 h 后脱模,用土工布覆盖试件并浇水养护 28 d。

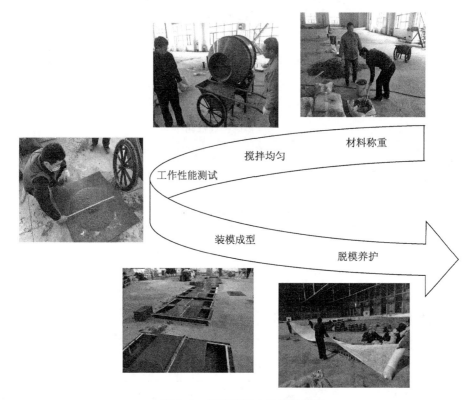

图 2-2　橡胶混凝土浇筑流程图

2.2.3　试验材料

橡胶混凝土配制用原材料主要包括水泥、骨料、橡胶颗粒、矿物掺和料、减水剂和自来水。

1) 水泥

本书中橡胶混凝土使用海螺水泥厂生产的 P·O 42.5 普通硅酸盐水泥。水泥的化学成分和物理性能如表 2-2 和表 2-3 所示。

2) 骨料

试验使用天然河砂作为细骨料。碎石外表粗糙,棱角分明,有利于其与胶凝材料的黏结。试验选用最大粒径不超过 20 mm,并且颗粒级配良好碎石作为粗骨料。

河砂和碎石的物理性能如表 2-4 和表 2-5 所示。

表 2-2　水泥的化学成分　　　　　　　　　　　　　单位:wt%

SiO_2	Al_2O_3	Fe_2O_3	CaO	MgO	SO_3
24.4	7.3	3.98	59.85	3.85	2.5

表2-3　水泥的物理性能

密度/ (g·cm³)	比表面积/ (m²·kg⁻¹)	PH	烧失量/ %	标准稠度用水量/ %	凝结时间/min	
					初凝	终凝
3.10	370	11.5	1.99	26.8	120	245

表2-4　砂的物理性能

表观密度/(kg·m⁻³)	堆积密度/(kg·m⁻³)	细度模数	级配区	含泥量/%
2 600	1 487	2.9	II	1.85

表2-5　石子的物理性能

表观密度/(kg·m⁻³)	最大粒径/mm	压碎指标/%
2 650	15	8.27

3) 橡胶颗粒

橡胶颗粒的切割方法分为冷冻切割和常温切割。本试验选用由橡胶轮胎在常温下切割制得的橡胶颗粒。橡胶颗粒的性能参数如表2-6所示。

表2-6　橡胶颗粒的物理性能

表观密度/(kg·m⁻³)	堆积密度/(kg·m⁻³)	炭灰含量/%	含灰量/%
1 060	433	18	2.4

作为细骨料的替代物,橡胶颗粒与砂的最大粒径相同,粗细骨料以及橡胶颗粒的级配曲线如图2-3所示。

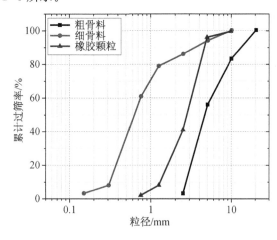

图2-3　骨料的粒径分布曲线

4）矿物掺和料

试验使用的粉煤灰是磨细的一级粉煤灰,硅灰和粉煤灰的化学组分和物理性能如表 2-7 所示。

表 2-7　矿物掺和料的化学组分和物理性能

	SiO_2/(wt%)	Al_2O_3/(wt%)	Fe_2O_3/(wt%)	CaO/(wt%)	MgO/(wt%)	SO_3/(wt%)	密度/$(g \cdot cm^{-3})$	烧失量/%
粉煤灰	55.2	22.17	6.69	4.24	2.32	1.09	2.25	1.78
硅灰	90.5	0.7	1.5	0.3	0.6	1.3	2.1	1.8

5）外加剂

试验所用减水剂为产自苏博特新材料有限公司的聚羧酸型减水剂。

2.3　基本性能测定

2.3.1　加载方法

以 2.2.1 节的配合比浇筑不同橡胶掺量的橡胶混凝土试件,对浇筑养护成型后的橡胶混凝土进行基本性能测试。准静态抗压、劈拉以及弯拉试验分别根据 ASTM C39/C39M-17b(2017),ASTM C496/C496M-11(2004)和 ASTM C293/C293M-16(2016)完成。加载方法如图 2-4 所示。

（a）抗压试验加载装置　　（b）劈拉试验加载装置　　（c）弯拉试验加载装置

图 2-4　加载方法

试件最大荷载 P 可以在混凝土失效时记录得到,抗压强度值 σ_c、劈裂抗拉强度值 σ_s 以及弯拉强度值 σ_b 可以分别由下式计算得到:

$$\sigma_c = \frac{P}{S} \tag{2-1}$$

$$\sigma_s = \frac{2P}{\pi D_s l_s} \tag{2-2}$$

$$\sigma_b = \frac{3PL}{2bh^2} \tag{2-3}$$

其中,S 为混凝土圆柱的底面积,D_s 为巴西圆盘的直径,l_s 为圆盘试件的厚度,L 为试件底部支座的距离,h 和 b 分别为长方形试件的高和宽度。

2.3.2 静态力学强度

普通混凝土和橡胶混凝土的静态力学试验结果对比见表 2-8。从表中可以看出,随着橡胶含量的显著增加,抗压强度、劈裂强度和抗拉强度降低。另外,弹性模量随着橡胶掺量的增加也有下降的趋势。橡胶混凝土强度损失的原因可能分为以下三个:

(1)相比较于硬化的水泥浆体,橡胶颗粒有着极低的弹性模量。这导致了橡胶在混凝土中犹如一个空洞,而不能承受荷载,降低了有效承载面积。

(2)由于橡胶颗粒与混凝土的黏结效果很差,在橡胶颗粒与混凝土的界面过渡区很容易产生初始微裂纹并且形成应力集中。

(3)由于橡胶的表面粗糙而且是非极性的,所以掺入橡胶的过程中往往会引入大量的气体,这使得混凝土的孔隙率显著提高从而降低了强度。

图 2-5 绘制了养护 28 d 后 RC0、RC5、RC10 和 RC15 在三种不同静态加载方式下的应力-应变曲线。从曲线整体形状上来看,橡胶混凝土与不掺橡胶混凝土类似。应力在初始阶段首先线性增加,然后非线性增加,并在达到峰值载荷后进入软化阶段。在软化阶段,掺加橡胶混凝土的应力-应变曲线比不掺橡胶混凝土平缓,这表明橡胶颗粒有效改善了混凝土材料的延性。

表 2-8　试件静力学强度

编号	抗压强度/MPa	劈裂强度/MPa	拉伸强度/MPa
RC0	39.78	3.96	4.21
RC5	35.39	3.88	3.93
RC10	31.92	3.47	3.47
RC15	29.16	2.70	3.35

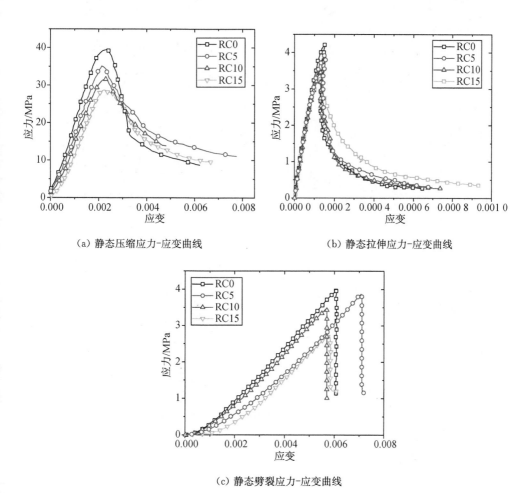

（a）静态压缩应力-应变曲线　　　　　（b）静态拉伸应力-应变曲线

（c）静态劈裂应力-应变曲线

图 2-5　三种静态加载方式下的应力-应变曲线

2.3.3　失效模式

图 2-6～图 2-8 给出了三种试验后试件的破坏模式。橡胶含量越多,试样中的裂缝越多。不掺橡胶混凝土的破坏模式是由斜裂缝引起的圆锥形。与不掺橡胶混凝土不同,橡胶混凝土的损坏主要是由于从上表面到下表面的穿透裂缝。橡胶的弹性模量小于其他骨料,因此,橡胶混凝土具有更多的垂直裂缝和更低的强度。此外,橡胶颗粒作为软骨料,在砂浆附近产生拉应力,具有很大的变形能力,有效抑制了斜裂纹的扩展。

（a）RC0 静态压缩失效模式

（b）RC5 静态压缩失效模式

（c）RC10 静态压缩失效模式

（d）RC15 静态压缩失效模式

图 2-6　静态压缩的失效模式

（a）RC0 静态拉伸失效模式

（b）RC5 静态拉伸失效模式

(c) RC10 静态拉伸失效模式   (d) RC15 静态拉伸失效模式

图 2-7   静态拉伸失效模式

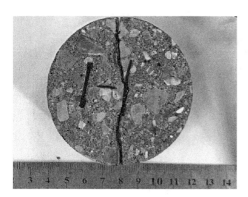

(a) RC0 静态劈拉失效模式   (b) RC5 静态劈拉失效模式

(c) RC10 静态劈拉失效模式   (d) RC15 静态劈拉失效模式

图 2-8   静态劈拉失效模式

橡胶混凝土的断裂特性

3.1 引言

混凝土材料抗压强度高,而拉伸安全余度低。因此,在实际服役期间往往会因为拉伸荷载而导致结构开裂。针对普通混凝土材料的裂缝扩展特性,学者们已经开展了较为深入的研究,而当前对在不同荷载条件作用下橡胶混凝土断裂损伤演化规律的研究还不够深入,无法满足实际工程需要。本章通过改进 DPT 方法提出了橡胶混凝土断裂韧性定量评价方法,探究了橡胶颗粒掺量对橡胶混凝土韧性的影响。针对橡胶混凝土开展了单调轴拉以及往复轴拉试验,建立了适用于橡胶混凝土的轴拉本构模型。基于细观力学方法,构建了橡胶混凝土三维断裂模型,阐述了橡胶混凝土裂缝形成机制和断裂破坏机理。并结合声发射技术,揭示了断裂过程区的声发射特性,探究了橡胶颗粒掺量对混凝土断裂力学性能的影响。

3.2 基于 DPT 方法的橡胶混凝土韧性评价

3.2.1 DPT 方法简介

3.2.1.1 DPT 方法原理

DPT(Double Punch Test)试验最初在 1970 年被引入用以评价纤维增强混凝土的韧性,从而满足建筑工业的发展需要。用于评价橡胶混凝土的韧性测试是该测试方法的一个新应用。西班牙巴塞罗那的 Molins 等人在 2007 年报告了最早在纤维增强混凝土性能评价上的使用。之前的研究表明,DPT 测试结果与梁的弯拉试验相比,其变化系数更低。DPT 方法被认为是对圆柱劈裂抗拉强度试验合理替代的另外一个主要原因是它的测试方法和流程简单。间接拉伸试验使得相似的试样和相同的测试机能够同时用于拉伸和抗压试验。直接抗拉试验的许多缺点(消除偏心和复杂的夹紧装置)都是通过改装为压缩试验来克服的。此外,间接拉伸试验能给出与弯拉试验和直接拉伸试验一致的结果。

从以往的方法来讲,橡胶的抗拉强度和韧度可以由传统的直拉、梁的三点弯拉、劈裂抗拉等试验测量得到。然而,这些试验缺乏简易性、可靠性以及可重复性。DPT 方法最初在 1970 年引入,用以评价纤维增强混凝土的韧性,经检验有着良好的简易性、可靠性以及可重复性。DPT 方法的基础理论以及力学机制是基于混凝土砖的承载能力理论。从线弹性理论和塑性方法出发,可以得到一个公式用于计算间接抗拉试验的抗拉强度。这种方法是基于这样一种假设,即在拉伸和压缩的条件下,混凝土的局部变形能力已经存在,极限分析的广义定理可以应用于混凝土的理想塑性材料上。如图 3-1 所示,在压缩过程中使用了一个莫尔-库仑破坏表面,并使用了一个很小但非零的张力切断。在此,f'_c 和 f'_t 分别表示简单的压缩和拉伸强度,C 是内聚力,ϕ 是混凝土内部摩擦角。

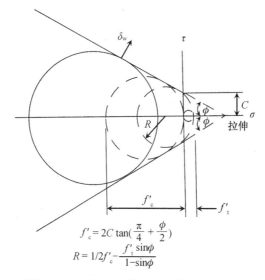

$$f'_c = 2C \tan\left(\frac{\pi}{4} + \frac{\phi}{2}\right)$$
$$R = 1/2 f'_c - \frac{f'_t \sin\phi}{1-\sin\phi}$$

图 3-1 试用混凝土的修改的莫尔-库仑准则

图 3-2 展示了一种用于在圆柱试样上进行 DPT 方法的理想失效机制的原理。它由许多简单的径向导向的张力裂缝和两个圆锥形的破裂表面组成,每一个都直接位于一个钢冲压下。由这些破裂表面所定义的圆锥形状,移动到其他的刚体上,使周围的材料呈放射状。在锥面破裂面的每一点上的相对速度矢量 δ_w 都以一个角度 ϕ 向圆柱体的表面倾斜。

由于在承载能力试验中混凝土块的性能与 DPT 方法密切相关,因此 DPT 的计算公式可以直接通过对混凝土块的试验结果进行简单修改后获得。DPT 方法测试的抗拉强度计算公式如下:

$$f'_t = \frac{Q}{\pi(1.2bH - a^2)} \tag{3-1}$$

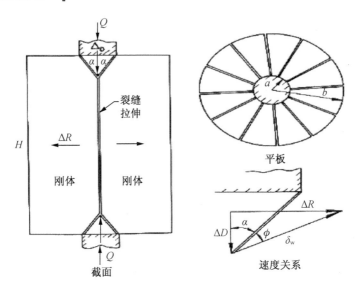

图 3-2　DPT 方法的承载能力

其中，f'_t 为抗拉强度，Q 为最终荷载，H 为试件高度，b 为试件半径，a 为冲头半径。

　　与普通劈裂抗拉试验相似，DPT 是一种间接的拉力测试，但破坏面不局限于一个预先确定的平面。通常有 3～4 个径向裂缝发生，如图 3-3 所示。外加载荷在包含圆柱轴的平面上产生了几乎均匀的拉伸应力，而试样在这些平面上的劈裂类似于劈裂抗拉试验。最终，由于 DPT 方法形成多条裂纹，所以它能测得稳定真实的机械性能。

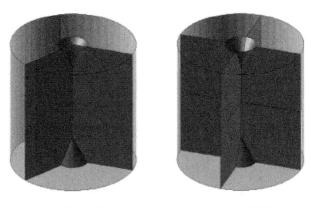

（a）3 个径向破裂平面　　　　　（b）4 个径向破裂平面

图 3-3　3～4 个径向裂缝发生

　　图 3-4 比较了普通混凝土结构分别在劈裂抗拉强度试验和 DPT 方法上的损伤情况。由图可以看到单个主要裂纹和多裂纹模式的区别。劈裂抗拉强度试验的

损伤剖面图与现行的橡胶混凝土检测方法相似,其结果是单面故障。在损坏的范围内,损失系数为 0 时材料被认为是安全的,损失系数为 1 时材料完全损坏。很明显,DPT 在离散的局部均导致了强烈的破坏。

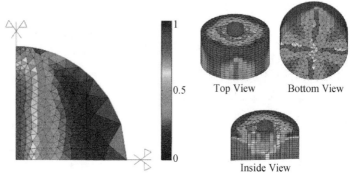

(a) 圆柱劈裂抗拉试验   (b) 普通混凝土柱面的 DPT 方法

图 3-4 普通混凝土结构在劈裂抗拉强度试验和 DPT 方法上的损伤情况

3.2.1.2 DPT 方法优势

DPT 方法的多裂纹开裂模式在一定情况下优于单个裂纹。由于橡胶颗粒的分散性和定向性是随机的,测试样品的具体失效表面不能确定,增加断裂层的数量可以增加橡胶颗粒与裂纹平面相交的可能性。因此,橡胶增韧的效果更有可能被发现,它与其他混凝土混合物的区别也更容易被发现。

单位破裂表面 β 可以被定义为一个样本单位体积的总破裂表面积。从数值上来说,它代表了当一个样本在给定的测试方法破坏时所暴露出来的破裂平面。如表 3-1 所示,用 DPT 测试的样本的单位破裂表面 β 比任何其他测试方法测试的样本的都要高。β_{DPT}/β_{TEST} 展示在表 3-1 的最后一列中,将 DPT 的单位破裂表面与当前的测试过程进行比较。结果表明,DPT 方法能导致混凝土试件有一个比其他测试方法高一个数量级的单位破裂表面。

表 3-1 DPT 测试与其他试验的失效表面密度比较

试验信息			试件信息			
试验方法	草图	试件体积/in.³ (1 in.³≈16.39 cm³)	劈裂面	失效表面积/in.² (1 in.²≈6.45 cm²)	失效表面密度 β	β_{DPT}/β_{TEST}
DPT 方法		170	3	54.0	0.318	1

试验信息		试件信息				
试验方法	草图	试件体积/in.³ (1 in.³≈16.39 cm³)	劈裂面	失效表面积/in.² (1 in.²≈6.45 cm²)	失效表面密度 β	β_{DPT}/β_{TEST}
ASTM C496		101	1	12.6	0.125	3
ASTM C1609		720	1	36.0	0.050	6
ASTM C1609		224	1	16.0	0.071	4
ASTM C1399		224	1	16.0	0.071	4
ASTM C1550		2 338	3	141.8	0.061	5
EFNARC 平板试验		2 304	3	144.0	0.063	5
单轴直接 拉伸试验		524	1	16.0	0.031	10

3.2.2　DPT 试验方案

3.2.2.1　试件准备

试验选取 0%，10% 以及 20% 三种取代率，试件配合比如表 3-2 所示。

表 3-2　DPT 测试试件配合比　　　　　　　　　　　单位：kg/m³

	水泥	粉煤灰	硅灰	水	减水剂	橡胶	砂	石子
RC0	385	139	26	200	7.5	0	1018	800
RC10	385	139	26	200	7.5	41.5	916.2	800
RC20	385	139	26	200	7.5	83	814.4	800

橡胶混凝土浇筑至内径为 150 mm,高度为 250 mm 的 PVC 管中,管子的一端用塑料盖封闭。将试件在水中养护 28 d 后取出,用岩石切割机切去两端得到 ϕ150 mm×150 mm 的圆柱体试件。试件两端被打磨光滑作为 DPT 方法的试件。

3.2.2.2 加载方案

试验为了得到更精确的试验结果,使用 MTS 电液伺服万能试验机进行测试。在 DPT 方法中,通过带圆孔的钢片将两个尺寸为 ϕ38 mm×25 mm 的圆柱形钢冲头放置到试样的轴心上,用胶水将其固定使之保持在同心轴上。然后将其水平放置在测试机受压面上。调整试验机支座的竖向位置直至试件刚好固定在支座上而不受力。最后在混凝土试件上绑上环向位移计,装置方式如图 3-5 所示。力的加载分为三个过程:

(1) 首先通过 MTS 控制系统控制支座竖向位移夹紧试件,当施加的力显示为 5 kN 左右时,再调整竖向位置放松试件直至施加的力回到 0。此过程的目的是消除冲头与试件、冲头与支座的间隙,使混凝土的承载力位移曲线的起点的承载力为 0 时位移也为 0。

(2) 然后通过加载力控制以 500 N/s 的速度加载至峰值荷载的 60%(本试验峰值荷载约为 50 kN)。在此试验中记录对应的环向开口位移的变化速率 α。

(3) 再改用环向开口位移控制以 α 的一半速率(0.000 1 mm/s)进行加载,直至混凝土完全破坏。

图 3-5　DPT 方法装置

3.2.3　DPT 试验结果分析

3.2.3.1　破坏模式

图 3-6 展示了橡胶混凝土在 DPT 方法中的失效模式。由图可以看出普通混凝土在加载破坏后有 2 个断裂面,而以 10% 的体积掺量在混凝土中掺入橡胶后断

裂面上升到了3个。当以20%的体积掺量在混凝土中掺入橡胶后,有些试件的断裂面甚至上升到了4个。这表明橡胶的掺入提高了混凝土的韧性,在受力破坏时将会吸收更多的能量。

(a) RC0 DPT 失效模式　　　(b) RC10 DPT 失效模式　　　(c) RC20 DPT 失效模式

图 3-6　橡胶混凝土在 DPT 方法中的失效模式

3.2.3.2　荷载-位移曲线

图 3-7 展示了橡胶混凝土在 DPT 方法中的荷载-竖向位移曲线。由图可以看出,橡胶混凝土的曲线初始斜率明显小于普通混凝土,而且随着橡胶掺量的增加,初始斜率越来越小。这表明橡胶的掺入使得施加相同荷载时混凝土有更大的竖向变形,即橡胶混凝土的韧性明显优于普通混凝土。其中由于试验机的刚度不够,在破坏过程中是用环向位移控制的,所以在混凝土破坏后竖向位移出现反弹导致竖向位移反而变小。

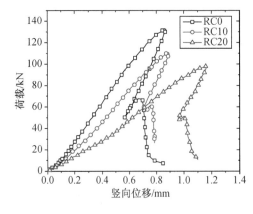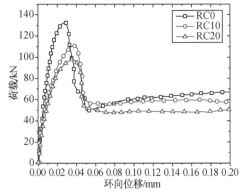

图 3-7　荷载-竖向位移曲线　　　　　**图 3-8　荷载-环向位移曲线**

图 3-8 展示了橡胶混凝土在 DPT 方法中的荷载-环向位移曲线。由图可以看出，橡胶混凝土的曲线初始斜率也明显小于普通混凝土。尽管橡胶混凝土的峰值强度小于普通混凝土，但是其峰后反应更长，这有利于在破坏过程中吸收更多的能量。

3.2.3.3 峰值荷载

图 3-9 显示了橡胶混凝土的峰值荷载与橡胶掺量的关系。试验结果显示了较小的变异性，取平均值作图后发现，取代率为 10% 的橡胶混凝土的强度损失率并不大，仅为 1.51%。然而当掺量继续增大时，混凝土的强度迅速降低。取代率为 20% 的橡胶混凝土的强度损失率为 21.06%。这表明橡胶混凝土在适合的橡胶掺量范围内可以在保证强度的前提下获得更高的韧性。

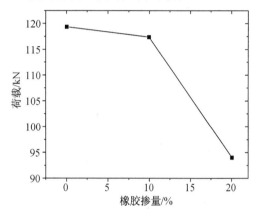

图 3-9　峰值荷载与橡胶掺量的关系

3.3　橡胶混凝土轴拉断裂特性分析

3.3.1　试验方案

3.3.1.1　试件准备

为了研究橡胶混凝土在轴拉往复荷载下的断裂力学特性，针对不同橡胶掺量下的混凝土试件进行了单调加载与峰后往复加载试验。所用试件根据橡胶掺量的不同分为五组，其中设置一组不含橡胶颗粒的空白对照组，其余四组的橡胶掺量分别为 RC10、RC20、RC30 和 RC40（表 3-3）。

表 3-3　配合比设计　　　　　　　　　　　　　　　　单位：kg/m³

编号	水泥	粉煤灰	硅灰	水	减水剂	橡胶	砂	石子
RC0	385	139	26	200	7.5	0	1 018	800
RC10	385	139	26	200	7.5	41.5	916.2	800

续表 3-3

编号	水泥	粉煤灰	硅灰	水	减水剂	橡胶	砂	石子
RC20	385	139	26	200	7.5	83	814.4	800
RC30	385	139	26	200	7.5	124.5	712.6	800
RC40	385	139	26	200	7.5	166	610.8	800

试件尺寸为 100 mm×100 mm×400 mm,为了尽量避免测量时标距过大产生较大的误差,需对试件断裂位置进行限定,即试验前对试件正对的两个面进行开缝处理,缝深 10 mm,宽 2 mm。图 3-10 中给出了试件准备示意图。

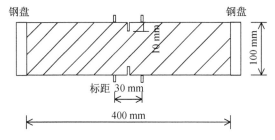

图 3-10　试件准备示意图

3.3.1.2　加载方案

试验采用 MTS 电液伺服万能试验机进行加载。将橡胶混凝土试件两端钢盘通过螺栓与球铰相连,试验机夹持住球铰的拉杆从而将试件固定在加载装置上。试验加载时,通过拉杆施加拉力,可自由活动的球铰大大减小了轴拉试验过程中的偏心效应。加载过程中的荷载大小以及试件的轴向变形分别通过装置内部的力传感器和配套的引伸计测得。图 3-11 为实际试验加载图。试验通过两引伸计中测得的最大应变进行加载控制。其中单调加载速率为 20 me/s,每种配比进行两次重复试验。往复加载速率为 10 me/s,变形递增至 400 me 时进行第一次卸载,随后每次递增 400 me 后进行新的卸载,共往复 14 次,每种掺量情况下进行 3 次重复试验。

图 3-11　试验试件及装置图

3.3.2　单调加载断裂

3.3.2.1　破坏机理及应变过程

混凝土棱柱体试件受拉应力-应变曲线可以分为 6 个阶段,区分方式见图 3-12。

不难发现,该曲线可分为上升和下降
两个阶段。其中上升段又可分为三
个阶段。从加载开始至 A 点为第一
阶段,该阶段为弹性受力段,此时应
力-应变曲线接近直线。AB 段呈现
一定的非线性,此时微裂缝开始出现
并慢慢扩展,此后,曲线非线性程度
加强,裂缝扩展逐步不稳定化直至宏
观拉伸裂缝的出现,此为上升段的第
三阶段 BC 段。需要注意的是,与混

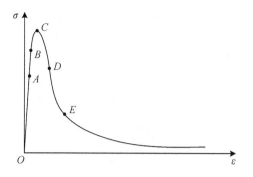

图 3-12　混凝土受拉应力-应变全曲线示意图

凝土抗压曲线不同,拉伸全曲线峰前段绝大部分呈现线性形式,即 AC 段尤其是
BC 段所占比例很小,因此许多学者将峰前段简化为直线进行计算。达到峰值点
后,混凝土峰后应力-应变曲线呈现下降趋势,即随着应变的增加应力逐渐减小。
进入下降段 CE 后,裂缝继续扩展贯通,微裂缝不断扩展并聚合。D 是曲线软化段
的拐点,D 点后曲线逐渐凸向应变轴。E 点时软化段曲线的曲率最大,该点可称为
"收敛点",其对应的强度称为裂后残余强度,之后剩余的下降段曲线称为收敛段,
该阶段试件的主裂缝已经很宽,应力-应变曲线趋于平缓。

3.3.2.2　橡胶掺量的影响

　　图 3-13 展示了不同橡胶掺
量的橡胶混凝土试件单调加载下
的应力-应变全曲线。由图可以
直观地发现,橡胶的掺入削弱了
橡胶混凝土的整体抗拉强度,并
且当橡胶掺量提高时,橡胶混凝
土的峰值强度呈逐渐降低趋势,
其中 RC30 峰值强度与 RC20 差
异不大。此外,这五条全曲线的
收敛点几乎重合,表明上述五种
配比的材料裂后残余强度几乎一
致。观察曲线的峰前上升段,图
中的五条曲线并没有完全重合,

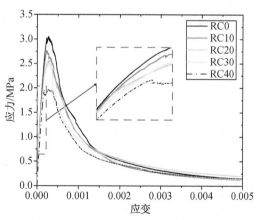

图 3-13　不同掺量的橡胶混凝土试件单调
加载下的应力-应变全曲线

具体表现为当橡胶掺量增加时,上升段的斜率逐渐减小。需要注意的是,其中
RC30 和 RC20 试验曲线的上升段几乎重合。但进入软化段之后,RC20 的下降段
曲线比 RC30 的更饱满。总的来说,橡胶掺量的增加会导致抗拉强度和拉伸弹性
模量均有所降低。

对峰值点进行分析,首先对于 RC0 而言,试件承受的外加荷载达到抗拉强度后,曲线迅速转入软化段,试件呈现明显的脆性特征。反观 RC40 的应力-应变曲线,当试件受荷达到峰值应力后,应力-应变曲线并没有立即进入软化段,而是在短时间内应力-应变曲线顶端出现一小段平台,即应力保持在较高的水平(接近峰值应力),应变则继续不断发展。这表明橡胶的掺入有利于改善混凝土的延性特征。

3.3.3 往复加载断裂

3.3.3.1 应力-应变曲线

图 3-14 展示了不同橡胶掺量的橡胶混凝土在轴拉往复荷载作用下的试验结果。包络线即作为往复循环加载的上界,也在图中给出。可以观察到,在往复加载过程中,单一完整的往复加载由卸载过程和再加载过程这两个部分组成。卸载过程中卸载段曲线凸向应变轴,而再加载段几乎是线性的,仅当再加载曲线接近包络线时,再加载曲线才呈现出明显的非线性。对每个完整的往复曲线进行分析,在往复加载的第一个完整的滞回环里,由于混凝土试件仍然很大程度上保持弹性,且滞回耗能不明显,此时卸载路径接近加载路径。之后随着往复次数的增加,由于裂纹的扩展和损伤累积,应力和割线模量明显退化。

为考虑橡胶掺量的影响,这里对比观察了不同掺量橡胶混凝土试验曲线中的滞回环大小。结果发现随着橡胶掺量的增加,滞回环有愈发饱满的趋势,只有 RC10 试验曲线的滞回环不符合该变化规律,可视为特殊情况。当加载至峰值点后,RC0 软化段应力骤降,而橡胶混凝土的应力下降较之普通混凝土更为缓慢。

3.3.3.2 塑性应变 ε_p

塑性应变 ε_p 定义为混凝土材料卸载曲线上应力为 0 时的应变大小。随着应变的增加,混凝土损伤逐渐增大,不可逆应变即塑性应变 ε_p 也会逐渐增大,因此塑性应变 ε_p 与卸载应变 ε_{un} 之间存在着定性的关系。图 3-15 展示了不同橡胶掺量的混凝土试件在轴拉往复荷载作用下的塑性应变 ε_p 与卸载应变 ε_{un} 关系。通过回归分析,发现两者之间几乎呈线性关系。图中给出了对塑性应变和卸载应变进行线性拟合得到的结果,每种工况下拟合结果的 R^2 均大于 0.95。同时,结果表明,相较于普通混凝土,四种配比的橡胶混凝土塑性应变 ε_p 增长速率较小。当橡胶掺量不断增加时,拟合斜率随之减小,说明橡胶的增加有利于延缓混凝土材料塑性应变 ε_p 的增长。具体拟合结果如下所示:

RC0:

$$\varepsilon_p = 0.734\varepsilon_{un} - 1.498 \times 10^{-4} \tag{3-2}$$

RC10:

$$\varepsilon_p = 0.731\varepsilon_{un} - 1.533 \times 10^{-4} \tag{3-3}$$

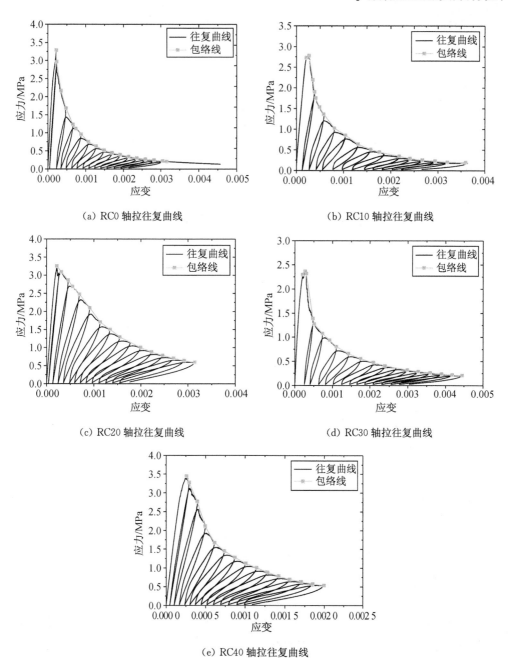

(a) RC0 轴拉往复曲线　　　　　　　　(b) RC10 轴拉往复曲线

(c) RC20 轴拉往复曲线　　　　　　　　(d) RC30 轴拉往复曲线

(e) RC40 轴拉往复曲线

图 3-14　不同橡胶掺量的橡胶混凝土在轴拉往复荷载作用下的试验结果

RC20：

$$\varepsilon_p = 0.712\varepsilon_{un} - 1.623 \times 10^{-4} \qquad\qquad (3\text{-}4)$$

RC30：

$$\varepsilon_p = 0.688\varepsilon_{un} - 1.417 \times 10^{-4} \qquad (3-5)$$

RC40：

$$\varepsilon_p = 0.606\varepsilon_{un} - 1.474 \times 10^{-4} \qquad (3-6)$$

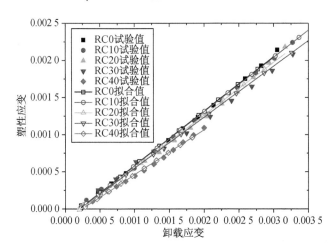

图 3-15　不同掺量的橡胶混凝土在轴拉往复荷载作用下的塑性应变与卸载应变关系

3.3.3.3　割线模量 E_s

在往复加载中，混凝土材料割线模量的衰减是反应损伤演化过程的重要参数，其值可以根据卸载点与再加载点（塑性应变对应的点）两者连线的斜率进行计算。为了减小离散性对割线模量衰减的影响，此处定义割线模量比（E_s/E_0）并对其衰减规律进行分析。其中 E_0 为初始弹性模量，其值可通过峰前上升的线性段进行线性拟合得到。

图 3-16 展示了不同掺量的橡胶混凝土试件割线模量比衰减过程。观察图 3-16 发现，当卸载应变 ε_{un} 增大时，割线模量比呈现降低趋势。其原因可以归结为试验中材料的损伤不断增大。随着试验的不断进行，微观裂纹逐步形成宏观裂缝。接近破坏时，其割线模量比趋于恒定值，如图中 3-16 最后的平缓段所示。

对普通混凝土和橡胶混凝土进行进一步对比可以看出，前者的割线模量比在峰值强度之后大幅度降低，而橡胶的掺入则延缓了割线模量比的衰减速度，并且从总体上来说，橡胶掺量的增加会导致割线模量比的衰减速度呈下降趋势。但是需要注意的是，当橡胶掺量达到 40% 时，割线模量比的衰减相比较掺量较小的情况速度明显上升。其原因可能是过多的橡胶掺入导致混凝土内部产生了更多的微观损伤。

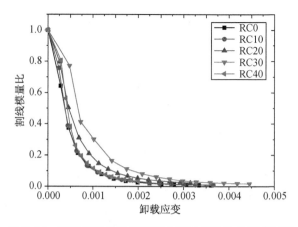

图 3-16　不同掺量的橡胶混凝土割线模量比的衰减过程

3.3.4　轴拉往复本构模型

图 3-17 中展示了本节使用的弹塑性断裂模型的概念。该模型认为混凝土是由无数个平行连接的微元构成。其中每个微元由一个弹性弹簧和一个滑块组成，弹性弹簧体现了内应力承载能力以及能量吸收能力，而滑块则代表了混凝土发生变形时的塑性变形。该模型通过弹簧的断裂来表示混凝土不断累积的损伤以及混凝土整体刚度的损失。

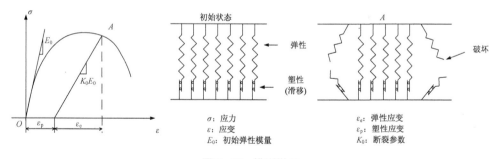

图 3-17　模型微元

对试验数据进行观察可以发现，在第一个完整循环中，峰值荷载前的应力-应变曲线近乎线性发展，因此本节建立的本构模型假设峰值点前上升曲线是线性的，即视该阶段中弹性模量没有发生衰减，同时也未产生塑性应变。本次研究着重对卸载和再加载过程进行建模，过程中考虑了混凝土材料的非线性特性。本模型将卸载曲线表示为一个非线性函数，该函数的形状取决于参数 s 和 p。在该模型的假设中，单个滞回环不造成混凝土的损伤，同时对于再加载曲线而言，由于其线性特征较为明显，因此可以将其定义为再加载点和卸载点之间的直线。模型示意图如图 3-18 所示。

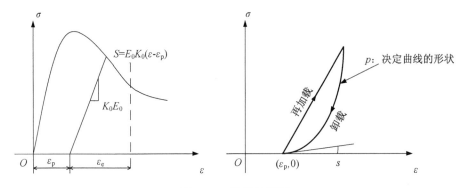

图 3-18　模型示意图

本节所采用的本构模型中的包络线加载、卸载以及再加载的公式均采用下式进行描述：

$$\sigma = K_0 \times E_c \times (\varepsilon - \varepsilon_p) \tag{3-7}$$

其中：K_0 为断裂参数，其大小可以表示试验过程中试件模量的衰减程度。从图 3-18 中可以观察得知，试验刚开始时，模量衰减速度较快，随后趋于平缓，最终几乎保持恒定。此处建立 K_0 与 ε 之间的表达关系式：

$$K_0 = a \times \exp(b \times \varepsilon) + c \times \exp(d \times \varepsilon) \tag{3-8}$$

式中：a、b、c、d 分别为拟合得到的系数，ε 为应变。对上述公式进行拟合，得到了不同掺量的橡胶混凝土试件的拟合结果，具体数值可见表 3-4。

表 3-4　不同橡胶掺量的混凝土模量变化参数

试件种类	a	b	c	d
RC0	1.650	−440 1	0.159 5	−890.5
RC10	2.042	−366 8	0.287 8	−880.3
RC20	1.494	−2 526	0.168 1	−578.7
RC30	1.508	−2 567	0.299 7	−760.1
RC40	2.346	−3 656	0.153 2	−659.1

根据前面所述，塑性应变与卸载应变之间呈线性关系，如公式（3-2）～公式（3-5）所示。当进行卸载时，公式（3-7）可以转化为下式：

$$\sigma = \alpha \times K_0 \times E_c \times (\varepsilon - \varepsilon_p) \tag{3-9}$$

其中，α 可以表示为：

$$\alpha = s + \left(\frac{\sigma}{K_0 E_0 (\varepsilon_0 - \varepsilon_p)} - s \right) \left(\frac{\varepsilon - \varepsilon_p}{\varepsilon_0 - \varepsilon_p} \right)^p \tag{3-10}$$

$$s = \beta \times K_0 (\varepsilon_0) \tag{3-11}$$

式中:β、p 为卸载参数,ε_0 为卸载点对应的应变。对每个完整循环的卸载段末端的数据进行线性拟合,可发现其斜率 K_{un} 和卸载点与再加载点之间连线的斜率 K_0 之间的关系近似线性,因此 β 的取值为 K_{un}/K_0 的平均值,而 p 的取值则通过 Matlab 计算软件进行分析获得,计算得到的结果列于表 3-5 中。

表 3-5 β 和 p 的取值

试件种类	β	p
RC0	0.540 199	1.00
RC10	0.552 825	0.81
RC20	0.607 492	0.53
RC30	0.643 925	0.50
RC40	0.747 754	0.38

结果显示,当橡胶掺量增加时,参数 β 增大而参数 p 则减小。由于试验数据有限,这里仅用表格给出而并未使用图像法表征两个参数随橡胶掺量增加而变化的情况。

根据上述本构模型以及计算得到的模型参数,可以得到不同掺量的橡胶混凝土在轴拉往复荷载作用下的应力-应变曲线,其计算结果与试验曲线的对比绘于图 3-19 中。根据图中曲线可得,模拟值与试验值大致吻合,证明了运用该模型到橡胶混凝土的本构计算中的合理性。

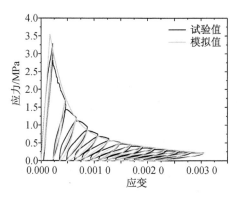

(a) RC0 计算结果与试验曲线对比图

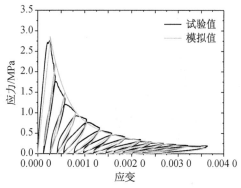

(b) RC10 计算结果与试验曲线对比图

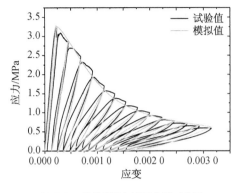

（c）RC20 计算结果与试验曲线对比图

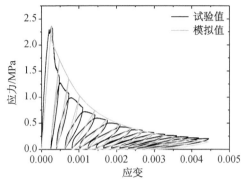

（d）RC30 计算结果与试验曲线对比图

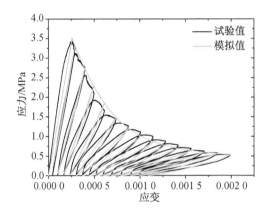

（e）RC40 计算结果与试验曲线对比图

图 3-19　不同掺量橡胶混凝土计算结果与试验曲线对比图

3.4　橡胶混凝土轴拉断裂三维细观模拟

3.4.1　试验方案

3.4.1.1　试件准备

为研究橡胶混凝土的轴拉性能,试验选用橡胶颗粒体积替代率分别为 0%,10%,20%和 30%四种,详细配合比见表 3-3。每个配合比制作 3 根尺寸为 100 mm×100 mm×400 mm 的混凝土梁。当棱柱体试件截面边长一定时,棱柱体抗拉强度随棱柱体高度的增大而降低,但当棱柱体试件的高宽比≥3～4 时,抗拉强度趋于稳定。同时,对于长度大于 200 mm 的试件而言,试验中采用的夹持方式可满足加载应力均匀分布。因此,试验最终选取试件长度为 300 mm。

试验前将成型试件从养护地点取出,用切割机去除混凝土两个端面的 50 mm

的表面疏松层并用打磨机磨平,然后将切割面清理干净。

3.4.1.2 加载方案

橡胶混凝土轴拉全曲线试验加载采用 500 kN MTS322 电液伺服试验机,如图 3-20 所示。试验机配有引伸计(标距为 25 mm,量程为 ±2.5 mm),既可以测量记录试件的变形,还可以用于控制试验加载进程。为了获得轴拉全曲线,试验加载中采用混凝土的变形量作为控制信号。

试件加载前使用 FC-SRS 粘钢胶在试件两个端面粘贴尺寸一样的钢板。粘钢胶抗拉强度不低于 10 MPa,大于混凝土试件的抗拉强度,保证拉伸试验过程中不会脱胶。粘完后保证其在室温条件下固化 24 h。粘贴钢板上有 1 个螺孔并有一个定位孔,分别与传力钢板上相应位置对应,传力钢板厚 20 mm,试件截面尺寸与粘贴钢板完全相同,顶部通过拉伸球铰相

图 3-20　引伸计安装示意图和实物图

连,球铰顶面加工有一个直径 25 mm 的螺杆用于连接力传感器。将传力钢板与粘贴钢板用螺栓连接后,通过球铰与试验机连接。在端部粘贴钢板过程中,应使用水平尺进行校准,使粘贴钢板上定位孔位于试件截面形心,尽量确保拉伸试验几何对中,避免偏心造成的试验误差。

3.4.2 三维细观模型构建

3.4.2.1 本构关系

由于粗骨料的强度通常明显高于砂浆,因此本节采用线性弹性材料模型对粗骨料进行建模。采用 Abaqus 混凝土破坏塑性模型对砂浆和界面过渡区进行了研究。混凝土损伤塑性模型假定混凝土的破坏机理为受拉破坏和受压破坏,以损伤塑性为特征(见图 3-21)。开裂由两个硬化参数控制,即 $\tilde{\varepsilon}_t^{pl}$ 和 $\tilde{\varepsilon}_c^{pl}$(脚标"t"和"c"分别表示拉伸和压缩),分别用来表征拉伸和压缩的损伤状态,即拉伸和压缩对应的有效塑性应变。

本书采用 Guo 和 Zhang 提出的规范混凝土的分析表达式进行硬化、软化处理,该表达式后来被规范 GB 50010 采用。在单轴拉伸条件下,砂浆和界面过渡区的应力-应变关系遵循线性弹性关系,直到对应于微观裂纹发生在混凝土的破坏应力的值达到 σ_{t0}。除峰值应力外,用下式描述峰后软化曲线:

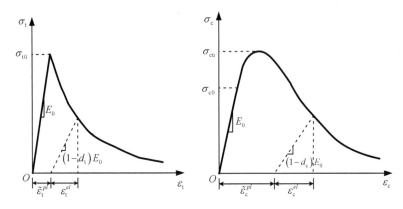

(a) 单轴受拉荷载作用下的响应示意图　(b) 单轴受压荷载作用下的响应示意图

图 3-21　单轴受拉和受压荷载作用下的响应示意图

$$\frac{\sigma_t}{f_t} = \frac{\dfrac{\varepsilon_t}{\varepsilon_{t0}}}{\alpha_t \left(\dfrac{\varepsilon_t}{\varepsilon_{t0}} - 1\right)^{1.7} + \dfrac{\varepsilon_t}{\varepsilon_{t0}}} \tag{3-12}$$

对于单轴受压来说,在应力达到初始屈服应力 σ_{c0} 之前,应力-应变关系都是线性的。并且塑性反应的特点是应力硬化超越极限应力 σ_{cu} 之后,便发生应变软化。整个关系的表达式近似为以下方程:

$$\frac{\sigma_c}{f_c} = \begin{cases} \dfrac{E_0 \varepsilon_c}{f_c}, & \dfrac{\sigma_c}{f_c} \leqslant 0.4 \\[2ex] \alpha_a + \dfrac{\varepsilon_c}{\varepsilon_{cu}} + (3 - 2\alpha_a)\left(\dfrac{\varepsilon_c}{\varepsilon_{cu}}\right)^2 + (\alpha_a - 2)\left(\dfrac{\varepsilon_c}{\varepsilon_{cu}}\right)^3, & \dfrac{\sigma_c}{f_c} > 0.4, \dfrac{\varepsilon_c}{\varepsilon_{cu}} \leqslant 1 \\[3ex] \dfrac{\dfrac{\varepsilon_c}{\varepsilon_{cu}}}{\alpha_d \left(\dfrac{\varepsilon_c}{\varepsilon_{cu}} - 1\right)^2 + \dfrac{\varepsilon_c}{\varepsilon_{cu}}}, & \dfrac{\varepsilon_c}{\varepsilon_{cu}} > 1 \end{cases}$$

$$\tag{3-13}$$

式中:f_c 和 ε_{cu} 分别为峰值应力和峰值应变,α_a 和 α_d 是系数,由 $\alpha_a = 2.4 - 0.0125 f_c$ 和 $\alpha_d = 0.157 f_c^{0.785} - 0.905$ 计算求得。

假设单轴应力-应变曲线可以用以下方程转化为应力-塑性应变曲线:

$$\tilde{\varepsilon}_t^{pl} = \tilde{\varepsilon}_t^{ck} + \varepsilon_{t0}^{el} - \varepsilon_t^{el} \tag{3-14}$$

$$\tilde{\varepsilon}_c^{pl} = \tilde{\varepsilon}_c^{in} + \varepsilon_{c0}^{el} - \varepsilon_c^{el} \tag{3-15}$$

式中:$\tilde{\varepsilon}_t^{pl}$ 和 $\tilde{\varepsilon}_c^{pl}$ 分别是拉伸和压缩状态下的等效塑性应变;$\tilde{\varepsilon}_t^{ck}$ 和 $\tilde{\varepsilon}_c^{in}$ 分别是开裂应

变和非弹性应变;ε_{t0}^{d}、ε_{c0}^{d}、ε_{t}^{d} 和 ε_{c}^{d} 由公式(3-16)和公式(3-17)计算求得,

$$\varepsilon_{t0}^{d} = \frac{\sigma_{t}}{E_{0}}, \varepsilon_{c0}^{d} = \frac{\sigma_{c}}{E_{0}} \tag{3-16}$$

$$\varepsilon_{t}^{d} = \frac{\sigma_{t}}{(1-d_{t})E_{0}}, \varepsilon_{c}^{d} = \frac{\sigma_{c}}{(1-d_{c})E_{0}} \tag{3-17}$$

式中:d_{t} 和 d_{c} 分别是拉伸和压缩状态下的损伤变量,其单调地从 0(代表材料未损坏)发展到 1(代表材料全部强度损失)。

单轴拉伸和压缩加载下的应力-应变(σ-ε)关系分别由式(3-18)和式(3-19)给出:

$$\sigma_{t} = (1-d_{t})E_{0}(\varepsilon_{t} - \varepsilon_{t}^{pl}) \tag{3-18}$$

$$\sigma_{c} = (1-d_{c})E_{0}(\varepsilon_{c} - \varepsilon_{c}^{pl}) \tag{3-19}$$

其中,拉伸和压缩的应变可以表示为:

$$\varepsilon_{t} = \varepsilon_{t}^{ck} + \varepsilon_{t0}^{d}, \varepsilon_{c} = \varepsilon_{c}^{in} + \varepsilon_{c0}^{d} \tag{3-20}$$

为了考虑在拉伸和压缩荷载下的不同影响,使用了两个损伤准则:一个用于拉伸状态,另一个用于压缩状态。将公式(3-14)和公式(3-15)转化为公式(3-20),利用公式(3-18)和公式(3-19)得到:

$$d_{t} = 1 - \frac{\dfrac{\sigma_{t}}{\varepsilon_{0}}}{\varepsilon_{t}^{pl}\left(\dfrac{1}{\beta_{t}} - 1\right) + \dfrac{\sigma_{t}}{E_{0}}} \tag{3-21}$$

$$d_{c} = 1 - \frac{\dfrac{\sigma_{c}}{\varepsilon_{0}}}{\varepsilon_{c}^{pl}\left(\dfrac{1}{\beta_{c}} - 1\right) + \dfrac{\sigma_{c}}{E_{0}}} \tag{3-22}$$

式中:β_{t} 和 β_{c} 都是从试验中提取的常数因子,由 $\beta_{t} = \varepsilon_{t}^{pl}/\varepsilon_{t}^{ck}$ 和 $\beta_{c} = \varepsilon_{c}^{pl}/\varepsilon_{c}^{in}$ 计算求得。根据 Britel 等人的建议,β_{t} 和 β_{c} 的数值分别为 0.1 和 0.7。

3.4.2.2 随机骨料模型的生成

由于国内外橡胶混凝土的细观模型研究非常少见,本书中首次尝试用三维细观模型模拟橡胶混凝土轴拉全曲线试验。希望能通过该模型的建立,从而探索通过建立细观模型探究橡胶混凝土的其他力学性质。

该三维模型建立的困难在于由于橡胶颗粒的掺入,橡胶与砂浆之间将形成类似于砂浆与粗骨料之间的界面过渡区,而砂浆与骨料之间的界面过渡区的性质一直是学者研究的热点。现今很多学者将砂浆与骨料之间的界面过渡区视为

类似于砂浆的材料,但是其孔隙率远远高于砂浆,并且由于孔隙这类天然缺陷的存在,其一直是整体结构的薄弱区。橡胶与砂浆之间的界面过渡区,通过Hernandez 等人的研究结果可知,橡胶-砂浆界面过渡区宽度在 60 mm 左右,根据 Barnes 等人和 Garboczi 等人的研究可知骨料-砂浆界面过渡区宽度为 $10\sim30~\mu m$,而通过 van Mier 等人研究可知骨料-砂浆界面过渡区宽度一般为 $20\sim50~\mu m$,因此橡胶-砂浆界面过渡区厚度与骨料-砂浆界面过渡区厚度相近。最常见的做法是将界面过渡区视为骨料外具有一定厚度的薄层,大部分学者都认为界面过渡区的厚度是固定的,而 Chen 等人认为界面过渡区的厚度会随着骨料尺寸变化而变化,骨料尺寸越大,界面过渡区越厚。由于本文中旨在探索橡胶混凝土细观模型的建立,而重点不在于讨论界面过渡区对材料的性质的影响,因此,本文在考虑粗骨料-砂浆界面和橡胶-砂浆界面过渡区的厚度时,为了方便网格划分和模拟计算,将粗骨料-砂浆界面和橡胶-砂浆界面过渡区的厚度均取为0.25 mm。本文中假设粗骨料、橡胶为线弹性材料,而将砂浆、砂浆-骨料界面及橡胶-砂浆界面定义为塑性损伤材料。

很多学者探索过细观混凝土模型建立的方法,并且运用多种方法在混凝土基体里生成骨料颗粒和孔隙,建立细观模型具体有两种方法:一种是综合参数化方法;另一种是基于图像的建模方法。在第一种方法中,按照预先安排的颗粒分布,将颗粒随机地放置在空间中,这种方法的局限性是骨料的位置和尺寸分布与实际混凝土试件不同。第二种方法的最大优点是,模型是由 X 射线断层扫描(XCT)二维图像生成,所创建的模型与试验样品的细观结构一样。这种方法可以将一系列二维图像重构为三维图像,并进一步进行网格划分,重构为有限元模型。但该方法最大的缺点是昂贵和费时,而且重构出来的有限元模型往往会由于单元数量太多,而没法进行进一步的计算分析。本文中,先采用综合参数化方法生成骨料分布信息不足的模型,然后将生成的综合三维细观结构转化为基于像素的图像,最后通过基于图像的方法生成有限元模型。

在这部分简单介绍了模型生成过程,本节中颗粒的形状都为球体。混凝土中骨料可分为粗骨料和细骨料,模型中仅考虑粗骨料,细骨料与水泥一起组成砂浆,模型中粗骨料粒径分布与试验级配设定一致;橡胶颗粒也与试验一致,所有橡胶颗粒的粒径范围都为 $3\sim5$ mm。孔隙是混凝土的薄弱区域,孔隙的存在能为裂缝发展提供通道。因此为了全面地反映混凝土的细观结构,孔隙也应包含在细观模型中,根据 CT 扫描结果可知孔隙的尺寸范围为 $1\sim2$ mm。模型生成的关键技术是需要重复生成骨料、橡胶颗粒和孔隙,直到这三种组分的含量达到预先设定的体积分数。

颗粒充填的整个过程由输入、取、放(input-taking-placing)三个过程组成,输入过程为输入用于生成具有随机分布的骨料、橡胶颗粒和孔隙结构的主导参数。取料过程产生与随机尺寸和形状信息一致的骨料、橡胶颗粒和孔隙。随后将生成的颗粒根据预先设置的物理边界,以不规则的随机的方式将骨料、橡胶颗粒和孔隙投放到预定义的区域中去。在将颗粒投放到指定区域时,最重要的原则就是骨料、橡胶颗粒和孔隙之间不能相交或重叠。本节中提出了一种直接、有效、易于实现的三维求面交叠检测方法。为了找到一个合适的位置放置骨料、橡胶颗粒及孔隙,并且相互之间不会相交重叠,必须满足三个要求:(1) 每个粒子必须包含在混凝土体积内部,可以通过控制颗粒坐标的最大值和最小值来满足这个条件;(2) 所有的颗粒之间没有交叠的部分;(3) 所有颗粒与混凝土试件边界的距离要在一定范围内,颗粒不与混凝土边界相交。对于两个球体颗粒,可以通过比较颗粒中心距离和两个半径之和,来方便地检验相交和重叠条件。

$$\sqrt{(x_0' - x_0)^2 + (y_0' - y_0)^2 + (z_0' - z_0)^2} \leqslant r + r' \tag{3-23}$$

式中:x_0, y_0, z_0 是已经生成的球体的中心坐标;r 是该球体的半径;x_0', y_0', z_0' 是新生成的球体的中心坐标;r' 是新生成的球体的半径。

在上述算法的基础上,自编了一个 Matlab 代码用于生成具有随机分布的骨料、橡胶颗粒及孔隙的混凝土试件,该程序生成随机颗粒的流程图如图 3-22 所示。混凝土试件生成后将其沿 Z 轴切成不同的切片,得到了一系列试件剖面图。这些剖面图通过软件进行处理后,重构混凝土试件,并在此基础上划分网格,生成有限元模型(图 3-23)。

3.4.2.3 拉伸全曲线模拟

轴拉全曲线试验是用电液伺服试验机通过球铰同时在两端对试件施加拉力,在数值模拟中为了从模拟结果中得到应力-应变关系,将试件一端固定,在另一端的所有节点上施加位移荷载,通过 Abaqus 隐式分析进行求解。

所用的模拟参数如表 3-6 所示,对于橡胶-砂浆界面参数的研究非常少,但是通过 SEM 扫描可知,橡胶-砂浆界面的孔隙率比骨料-砂浆界面的孔隙率更大,而且组织结构明显比骨料-砂浆界面差,由此可推断橡胶-骨料界面的力学性能会比骨料-砂浆界面更差,与其他的模拟一样,假定骨料不会破坏,裂缝不会在骨料内部发展,橡胶本来就是弹性材料,其材料参数保持其本有的材料性能。砂浆参数的选取由不添加橡胶的混凝土试验结果试算推断而来。骨料-砂浆界面的参数及橡胶-砂浆界面的参数通过参考其他文献中的参数,并通过试算取得,从图 3-24 模拟结果可知所取参数的合理性。

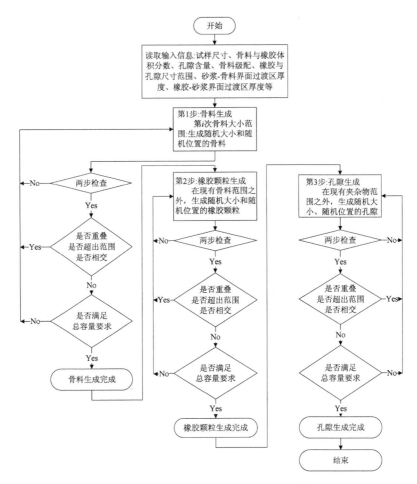

图 3-22 随机骨料、橡胶颗粒和孔隙生成图

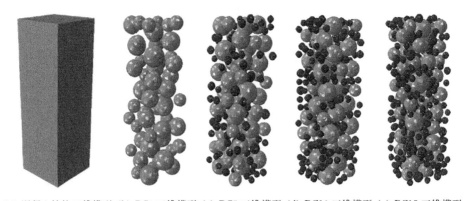

（a）混凝土棱柱三维模型 （b）RC0 三维模型 （c）RC5 三维模型 （d）RC10 三维模型 （e）RC15 三维模型

图 3-23 生成三维模型

表 3-6　橡胶混凝土细观模型材料参数

	抗拉强度/ MPa	抗压强度/ MPa	弹性模量/ GPa	泊松比	密度/ (kg·m⁻³)
砂浆	4.4	60	42.0	0.2	2 200
粗骨料	—	—	40.0	0.2	2 600
橡胶颗粒	—	—	7.0	0.4	1 050
骨料-砂浆界面	3.0	45	21.0	0.2	1 800
橡胶-砂浆界面	1.5	25	12.5	0.2	1 500

3.4.3　模型验证

本书中,通过上述数值模拟方法模拟橡胶混凝土在轴拉下的断裂情况,因为试验过程中不含橡胶的混凝土轴拉时有一个试验失败,所以只有一个有效试验结果,其他组成的橡胶混凝土轴拉结果都有两组,可以进行对比分析。为了防止单个模型出现的组成差异及骨料和橡胶分布导致模拟结果可信度不高的情况,进行数值模拟时,每种组分的混凝土各选取三个随机模型进行模拟,每种组分材料的数值模拟结果和试验结果对比图如图 3-24 所示,试验试件断裂图及模拟试件裂缝发生位置如图 3-25 所示。

从图 3-24 可知,在峰前段,模拟值和试验结果的一致度非常高,因为在轴拉峰前段将混凝土视为线弹性材料,因此,峰前段的模拟结果说明模拟参数的弹性模量取值合理。数值模拟结果的轴拉强度基本都在两组试验轴拉强度的范围内,与试验结果非常接近,而且三个随机模型轴拉强度的离散性非常小,说明该数值模型对于轴拉强度的模拟结果性能十分优越。在达到材料的极限强度后,混凝土立刻破坏,强度下降十分迅速,模拟结果能很好地将材料的这种迅速破坏的性能反映出来,但是由于骨料及橡胶颗粒的分布不同,细观模型与试验混凝土棱柱细观组分差异,峰后段模拟结果与试验结果有一定的差异。

综上所述,该三维细观模拟结果能较好地反映橡胶混凝土的性质,能很好地模拟出材料的整体性能,弹性模量与材料本身的弹模非常接近,极限强度在一定误差范围内浮动,峰后段材料性能由于材料结构内部组分不同、孔隙及缺陷分布不同,与试验结果有一定差异,但是应力-应变曲线整体趋势与试验结果一致,说明本文中所提出的细观模型能获取橡胶混凝土的整体性能,验证了该细观模型的可行性。从图 3-25 可以看出,虽然试验试件与数值模拟试件尺寸不一致,但数值模拟结果裂缝发生的位置与形态和试验结果十分接近,再次验证了三维细观模拟结果合理可靠。

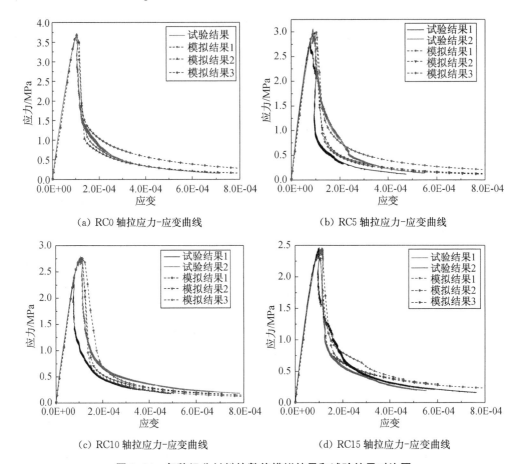

（a）RC0 轴拉应力-应变曲线　　　　　　　（b）RC5 轴拉应力-应变曲线

（c）RC10 轴拉应力-应变曲线　　　　　　　（d）RC15 轴拉应力-应变曲线

图 3-24　每种组分材料的数值模拟结果和试验结果对比图

（a）RC0 试验与细观模拟断裂对比图

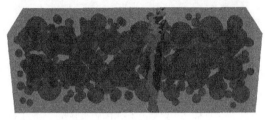

(b) RC5 试验与细观模拟断裂对比图

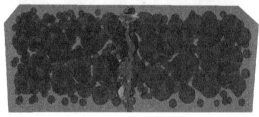

(c) RC10 试验与细观模拟断裂对比图

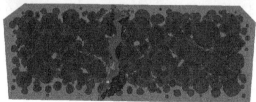

(d) RC15 试验与细观模拟断裂对比图

图 3-25　试验试件断裂图及模拟试件裂缝发生位置

3.4.4 橡胶掺量对模拟结果影响

3.4.4.1 橡胶含量对混凝土抗拉强度的影响

图3-26为所有试验成功的轴拉试验应力-应变全曲线图,从中可以看出随着橡胶含量的增加,试件的峰值应力降低,同时试件的峰值应力对应的应变增大,说明随着橡胶含量的增加,材料强度降低,韧性增强。从图3-26可以看出,各组分的混凝土的数值模拟结果离散性很小,而且与试验结果保持了高度的一致性,为了便于对模拟结果进行分析,从三个数值模拟结果中各随机挑选一组,将其绘制在图3-27(a)中。图3-27(b)为试件模拟结果的强度值图。从图3-27(a)可以看出,在峰前段,随着橡胶含量的增加,材料整体弹性模量降低;在峰值点,材料强度随着橡胶含量增多而明显降低,峰值应变变大,材料韧性增强;在峰后段,随着橡胶含量的增加,材料破坏速度有所下降。

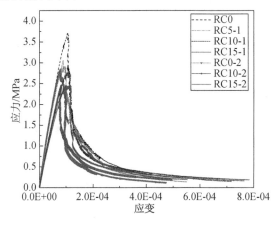

图3-26 不同橡胶含量试件轴拉试验应力-应变全曲线图

从图3-27(b)可以看出,与未掺橡胶颗粒的混凝土相比,橡胶混凝土的强度均有所下降而峰值应变明显提高。对于所有橡胶混凝土试件,试件的强度随着橡胶掺量的提高而降低,峰值应变随着橡胶掺量的增加而增大。产生上述试验及模拟结果的原因在于:在混凝土中掺入橡胶颗粒,橡胶能增加混凝土的韧性,但是同时会降低混凝土的强度。橡胶颗粒能增强混凝土的韧性的原因在于小粒径的橡胶颗粒能填充混凝土的孔隙,起到优化细骨料和粗骨料级配的作用。而另一方面,橡胶的弹性模量明显小于其他组分的弹性模量,在加载的过程中,可以有效缓解裂缝尖端应力集中从而起到了延缓裂缝的扩展、增强混凝土的韧性的作用。而正是由于橡胶的弹性模量明显低于其他组分的弹性模量,橡胶颗粒的掺入相当于在混凝土中引入了新的初始缺陷,且橡胶属于有机材料,混凝土属于无机材料,橡胶与砂浆之间的界面过渡区是十分薄弱的黏结面。此外,在掺入橡胶的同时,会增加混凝土中的含气量,此时橡胶起到了引气剂的作用,随着橡胶掺量的增大,混凝土中的气孔含量增高,从而导致材料整体强度的降低。

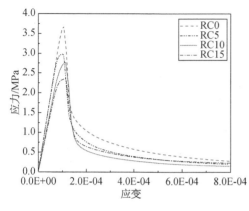

（a）不同橡胶含量橡胶混凝土试件
轴拉细观模拟结果应力-应变全曲线图

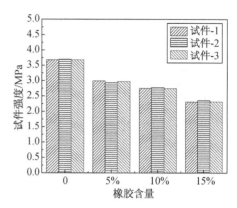

（b）不同橡胶含量橡胶混凝土试件轴拉
细观模拟强度值图

图 3-27　不同橡胶含量橡胶混凝土试件轴拉细观模拟结果

3.4.4.2　微裂纹的发展分析

（1）微裂纹的发展分析

由于试验检测技术的限制,无法对混凝土内部裂纹的发展过程进行观测分析,因此在此通过细观模拟技术将混凝土内部裂纹的发展过程进行比较分析。而通过上述试验结果和模拟结果对比验证了模拟结果的可靠性以后,在此选择与试件设定一致且裂缝形态发展较好的模拟试件对微裂纹发展情况进行对比分析。

图 3-28 标识的点是不同模型在加载后应力-应变曲线上同一时间点的对应点。图 3-28（b）、（c）、（d）相对图 3-28（a）多了一个 P_0 点,这是由于在细观模拟结果中,可以明显看到在掺有橡胶颗粒的试件中在 P_0 点已经开始出现微裂纹,而普通混凝土在对应点还没有出现肉眼可以识别到的微裂纹。图 3-29 为各组分混凝土在对应时间点,试件内部微裂纹发展分布图,图中绿色及红色为裂纹,从绿色到红色渐变过程代表破坏程度加剧。从图 3-28 和图 3-29 可以看出,掺了橡胶颗粒的混凝土,在同种载荷的情况下,微裂纹出现的时间早于没有掺加橡胶颗粒的混凝土;在同一加载时间点,掺加橡胶颗粒的混凝土裂纹数量比没有掺加橡胶颗粒的试件多,混凝土内部破坏程度更加严重。同时还可观测到混凝土内部裂纹的发展规律,对于不含橡胶的混凝土从图 3-29（a）P_1,P_2,P_3 可以看出,微裂纹出现初期,裂纹会在整个试件的较薄弱的位置及界面过渡区出现,随着微裂纹的不断扩展,微裂纹聚集成核,将其中一条裂纹发展成主裂缝,最终导致材料整体破坏。而且图 3-28（a）中可明显看出,在达到极限强度 P_3 后,混凝土并没有立刻破坏,试件内部的裂

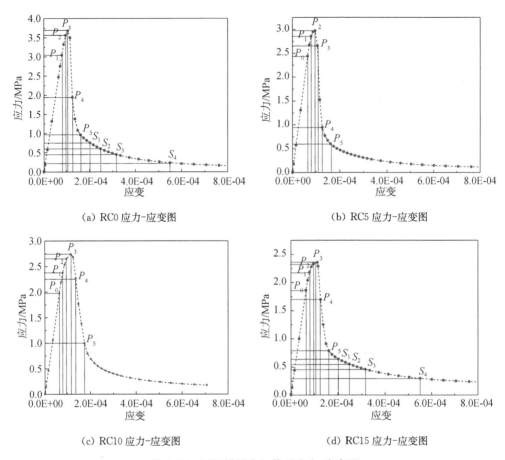

（a）RC0 应力-应变图   （b）RC5 应力-应变图

（c）RC10 应力-应变图   （d）RC15 应力-应变图

图 3-28   不同模型在加载后应力-应变图

微裂纹阶段，并没有聚集成核形成宏观裂缝，这是因为混凝土并不是完全脆性材料，而是一种各向异性准脆性复合材料，其内部组成及结构会影响裂缝的发展，在到达极限强度后，会加剧材料内部裂纹发展，材料性能明显下降，也是形成宏观裂缝的开端。在该点后，裂纹的发展所需能量将远远小于极限强度之前裂纹扩展所需能量。对比图 3-28(a)和图 3-28(b)可以看出，掺加橡胶颗粒的混凝土在极限强度前，微裂纹出现时间比普通混凝土早，峰前段裂纹发展更加明显，说明橡胶颗粒的掺入使结构整体缺陷增多，在峰前段材料性能变差。图 3-28(b)、(c)、(d)中裂纹发展没有明显差异，但是同时都是在普通混凝土没有出现微裂纹前的同一时间点开始出现微裂纹。说明橡胶的掺入减小了材料整体弹性模量，且橡胶颗粒发挥的引气作用，使得材料的整体强度降低。

（2）橡胶含量对宏观裂缝发展的影响

为了进一步对橡胶的掺入对橡胶混凝土的裂缝发展的影响进行分析，本节中选取普通混凝土和橡胶掺量为15%的橡胶混凝土进行宏观裂缝发展过程对比分析。所选细观试件峰后对应图3-28中$S_1 \sim S_4$时刻内部裂缝发展图如图3-29所示。从图3-30可以看出,普通混凝土峰后宏观裂缝发展速度比橡胶混凝土迅

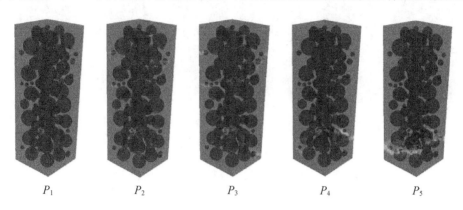

P_1 $\quad$ P_2 $\quad$ P_3 $\quad$ P_4 $\quad$ P_5

(a) RC0 细观模型微裂纹发展过程图

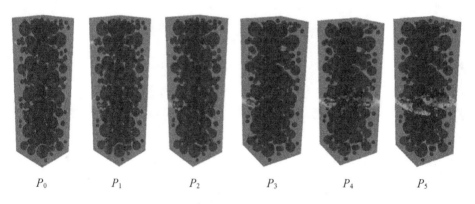

P_0 $\quad$ P_1 $\quad$ P_2 $\quad$ P_3 $\quad$ P_4 $\quad$ P_5

(b) RC5 细观模型微裂纹发展过程图

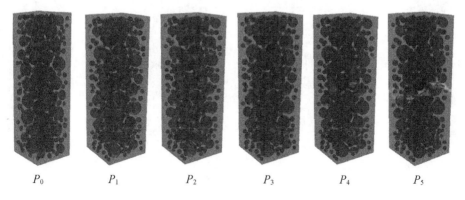

P_0 $\quad$ P_1 $\quad$ P_2 $\quad$ P_3 $\quad$ P_4 $\quad$ P_5

(c) RC10 细观模型微裂纹发展过程图

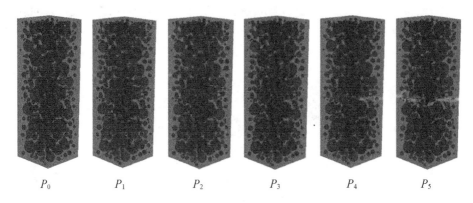

P_0 P_1 P_2 P_3 P_4 P_5

（d）RC15 细观模型微裂纹发展过程图

图 3-29　各组分混凝土在对应时间点试件内部微裂发展分布图

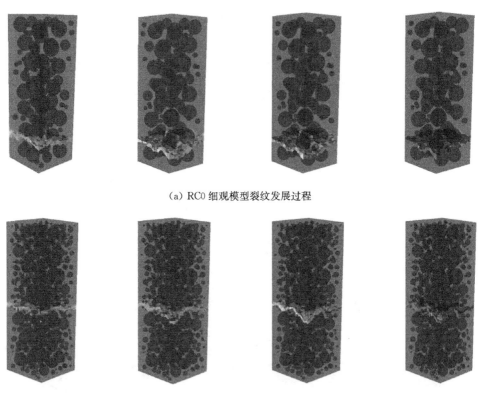

（a）RC0 细观模型裂纹发展过程

（b）RC15 细观模型裂纹发展过程

图 3-30　各组分混凝土细观模型裂纹发展过程

速,在峰后 S_1 时刻,普通混凝土试件内部裂缝已聚集成核,而橡胶含量为 15% 的试件内部裂缝并不明显,在 S_4 时刻,普通混凝土试件内部破坏程度已经十分大,材料已出现整体失效现象,而橡胶混凝土内部破坏程度明显低于普通混凝土,说明橡胶的掺入提高了材料的整体韧性,减缓了材料破坏的速度。

3.4.4.3 橡胶含量对裂缝形态的影响

从图 3-31 中可以看出,在掺入了橡胶以后混凝土的裂缝形态没有发生明显变化,裂缝主要发生在骨料与砂浆界面以及橡胶与砂浆界面,粗骨料尺寸明显大于橡胶颗粒,从图 3-31(a) 中可以看出,在普通混凝土中断裂面主要是在骨料-砂浆界面,而由于骨料不会断裂,因此在某些面就需要绕过骨料而出现图 3-31(a) 中的大孔。图 3-31(b)、(c)、(d) 的大孔数量明显少于图 3-31(a),说明橡胶的掺入优化了混凝土骨料的级配,同时界面过渡区的数量明显增加,在开裂过程中,裂纹发展较易找到相比砂浆、骨料及橡胶力学性能较差的界面过渡区,而无须绕过粗骨料发展

(a) RC0 最终裂缝形态

(b) RC5 最终裂缝形态

(c) RC10 最终裂缝形态

(d) RC15 最终裂缝形态

图 3-31 各组分混凝土最终裂缝形态

裂缝,导致出现图 3-31(a)中的大孔。从图 3-31(b)、(c)、(d)中可看出,随着橡胶含量的增加,试件整个断裂面的大孔数量变少,而出现较多的小孔,这是由于橡胶颗粒数量的增多,使混凝土断裂面能同时在骨料-砂浆界面及橡胶-砂浆界面发展延伸。而孔的尺寸的变小说明,裂缝会优先在橡胶-砂浆界面发展,而在某些橡胶颗粒所在的位置,它能很轻易绕过橡胶颗粒而继续发展裂缝,同时由于橡胶颗粒较小,裂缝绕过橡胶颗粒所需能量远远小于绕过大粒径的粗骨料所需的能量,因此在橡胶颗粒较多的情况下,试件的断裂面主要出现绕过橡胶颗粒所产生的小孔,而较少出现绕过大粒径粗骨料而产生的大孔的现象。

   裂缝的发展及最终形态也符合细观模拟时对各项材料力学参数的假设及设置:橡胶颗粒及粗骨料为线弹性材料,不会发生破坏;砂浆、骨料-砂浆界面过渡区及橡胶-砂浆界面过渡区可发生弹塑性破坏,且骨料-砂浆界面及橡胶-砂浆界面力学性能较差,较易破坏,因此破坏主要发生在骨料-砂浆界面及橡胶-砂浆界面。而由于橡胶的掺入增大了试件界面过渡区总和,同时由于考虑橡胶属于有机材料而砂浆属于无机材料,在两种不同类型材料之间的界面过渡区力学性能劣于同种材料类型之间的界面过渡区,并且从 SEM 扫描结果可以看出,橡胶与砂浆界面孔隙率明显高于骨料与砂浆界面孔隙率,同时在相关文献中可知砂浆材料的强度与孔隙率有关,孔隙率高时,材料强度低;反之,孔隙率低时,材料强度高。因此在设置参数的时候,将橡胶与砂浆界面考虑为最弱的界面,而在裂缝的最终形态里,也可以看出裂缝优先在橡胶-砂浆界面发展,其次为骨料-砂浆界面。

3.4.5　模型参数对模拟结果影响

3.4.5.1　网格尺寸敏感性分析

   利用有限元分析软件对橡胶混凝土进行细观数值模拟时,网格的尺寸大小可以影响计算的精度以及计算的时间长短和计算规模。为了探究橡胶混凝土细观模拟过程中的网格尺寸敏感性,本节中将三个具有完全相同的几何特征即骨料分布、橡胶颗粒分布及孔隙分布完全一样的三个模型分别用 0.5 mm、0.6 mm、0.75 mm 三个网格尺寸对混凝土试件进行网格划分,模型 1 的三种不同网格尺寸的细观模型图如图 3-33 所示。对这些细观模型进行单轴拉伸模拟,裂缝发展如图 3-34 所示,应力-应变曲线如图 3-35 所示。从图 3-34 可以看出模型 1、3 在网格尺寸发生变化时,裂缝位置及开裂模式很相似,没有明显差异,模型 2 在网格尺寸为 0.5 mm 和 0.6 mm 时裂缝位置和开裂模式没有变化,但是当网格尺寸增大到 0.75 mm 时,开裂位置发生变化,说明在网格尺寸差异在一定范围网格尺寸不会影响裂缝位置及失效模式,但是当网格差异过大时,裂缝位置有可能发生变化,但是应力-应变关系随着网格尺寸变化不会发生显著变化。不同网格尺寸下应力-应变曲线没有明显差异。如果研究目的更关注的是材料的强度和应力-应变关系,本书中所取最粗网格尺寸 0.75 mm 已能满足计算精度要求,同时又能减少计算时间,加快计算速度。如图 3-32 所示混凝土试件细观模型,分别标出了骨料、橡胶颗粒、孔隙、砂浆、橡胶-砂浆界面过渡区以及骨料-砂浆界面过渡区。

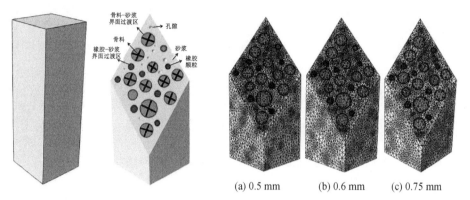

图 3-32　混凝土试件细观模型　　　图 3-33　三种不同网格尺寸的细观橡胶混凝土模型

(a) 0.5 mm　　　(b) 0.6 mm　　　(c) 0.75 mm

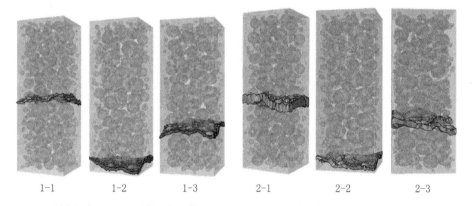

1-1　　　1-2　　　1-3　　　2-1　　　2-2　　　2-3

（a）网格尺寸 0.5 mm 混凝土细观模型　　　（b）网格尺寸 0.6 mm 混凝土细观模型

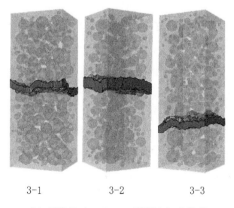

3-1　　　3-2　　　3-3

（c）网格尺寸 0.75 mm 混凝土细观模型

图 3-34　裂缝发展

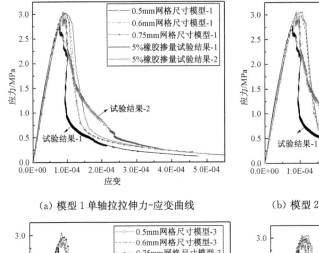

(a) 模型 1 单轴拉拉伸力-应变曲线

(b) 模型 2 单轴拉拉伸力-应变曲线

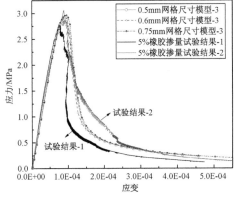

(c) 模型 3 单轴拉拉伸力-应变曲线

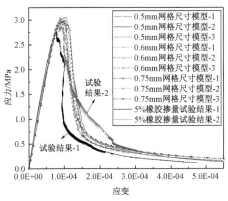

(d) 所有模型单轴拉拉伸力-应变曲线

图 3-35　应力-应变曲线

3.4.5.2　尺寸效应

　　混凝土的断裂性能与试件尺寸相关,本节针对具有几何相似性但不同尺寸的混凝土细观模型试件进行模拟分析,以探究不同尺寸混凝土试件在单轴拉伸荷载作用下的开裂模式及应力-应变变化关系。

　　从图 3-36 可以看出具有不同尺寸的几何相似的试件裂缝位置及开裂模式具有明显差异。随着尺寸的变大,开裂位置从试件底部往试件中部移动,不同尺寸的试件也具有不同的细观结构。因此开裂位置差异及开裂模式必然具有差异性。从图 3-37 中可以看出,随着试件尺寸变大,在峰前段应力-应变关系没有明显差异,试件强度也十分接近,说明细观模型尺寸不会影响材料整体弹性模量和强度值。但是峰后段有明显差异,随着尺寸变大,在峰后段试件破坏速度加快,而且开裂位置也随着尺寸增大而从试件两端向中间移动,说明试件尺寸对材料峰后段即软化段影响较大,对材料开裂位置也有影响。同时随着试件尺寸变大,材料破坏速度加

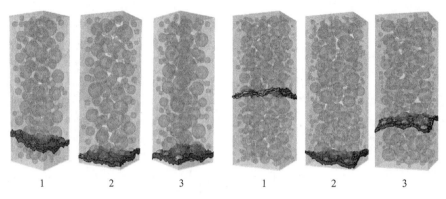

(a) 25 mm×25 mm×75 mm 试件裂缝形态图　(b) 50 mm×50 mm×150 mm 试件裂缝形态图

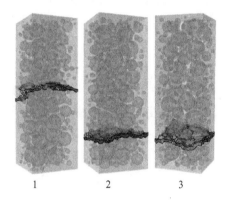

(c) 100 mm×100 mm×300 mm 试件裂缝形态图

图 3-36　各试件裂缝图

快,应力-应变曲线下面积变小,也说明了断裂能随着尺寸变大而变小,存在明显的尺寸效应。若研究目标是材料弹性模量和材料强度,取几何相似但尺寸较小的细观模型也可行,但是如果研究目标是材料断裂性能及断裂能,则需慎重考虑尺寸效应的影响,对细观模型尺寸的选取需更加谨慎,才能让细观模型数值模拟结果更好地反映实际材料的断裂性能。从图 3-38 可看出细观模型尺寸与试验试件一样时,数值模拟结果与试验结果更接近,更能反映实际材料的强度及断裂性能,模拟结果对材料性能评估更具有参考性。

3.4.5.3　有无界面过渡区的影响

为了考察界面过渡区的存在对单轴拉伸荷载作用下混凝土试件的断裂性能影响,本节中建立三个随机骨料模型 1、2、3,一个在建模时建立界面过渡区,一个在建模时不建立界面过渡区,但是对应编号模型的骨料分布、橡胶颗粒分布及孔隙分布完全一样进行单轴拉伸模拟。

模拟结果见图 3-39 和图 3-40。从图 3-39 可以看出,界面过渡区的存在与否

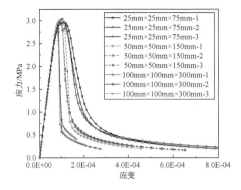

图 3-37 不同尺寸橡胶混凝土细观模拟
应力-应变关系图

图 3-38 不同尺寸橡胶混凝土细观模拟与
试验结果应力-应变关系对比图

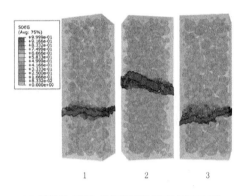
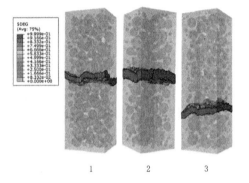

（a）无骨料-砂浆、无橡胶砂浆界面过渡区试件　　（b）有骨料-砂浆、橡胶-砂浆界面过渡区试件

图 3-39 有无界面过渡区试件裂缝区别

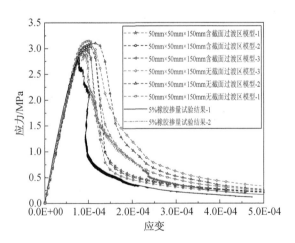

图 3-40 骨料-砂浆及橡胶-砂浆之间有无界面过渡区试件在单轴拉伸下应力-应变关系

对单轴拉伸作用下细观模型试件的裂缝发展影响微小,同一试件在有界面过渡区与无界面过渡区的最终断裂位置相似,最终裂缝形态有微小差别。但是其应力-应变关系有明显区别。从图 3-40 可以看出,界面过渡区存在与否对试件峰前段应力-应变影响较小,但是试件软化段有明显区别,有界面过渡区的试件破坏速度更快,而无界面过渡区试件破坏速度更慢,且与试验结果相差较大。界面过渡区是橡胶混凝土中力学性能最差的区域,界面过渡区的掺入使材料整体强度降低,材料断裂能变小。有界面过渡区的试件数值模拟结果与试验结果更加接近,说明在本文中引入的界面过渡区十分合理,所建立细观模型与实际橡胶混凝土更加接近,更能通过细观数值模拟探究橡胶混凝土其他力学性能,通过所建立细观模型对影响橡胶混凝土断裂性能的各因素的研究结果更加可靠。

3.5 基于声发射技术的橡胶混凝土弯拉断裂特性

3.5.1 声发射技术原理

混凝土结构受到应力作用而产生塑性变形或断裂时,内部微观结构将发生变化,并以瞬时弹性波的形式向外释放能量(声发射源)。能量释放使得声发射源周围的动态应变场发生变化,并由此产生机械扰动,此即所谓的声发射原始波。声发射波沿固体介质传播,在介质表面处将形成表面机械振动。安装于介质表面的传感器,能将介质表面处的机械扰动转变成电信号。对电信号进行放大、处理及记录后,通过后期分析就能推断结构内部的损伤情况。声发射基本特征参数包括累计振铃计数、信号幅值、持续时间、能量等,如图 3-41 所示。

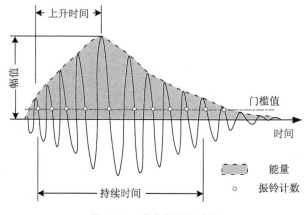

图 3-41 声发射特征参数

在进行混凝土损伤评价时,其内部损伤程度通常与声发射信号强弱的程度是直接相关的。声发射信号的强度主要由幅值、能量等特征参数来表征,代表每个单一声发射信号的强弱特征,幅值越大、能量越高表明信号强度越大,混凝土损伤程度越大;活度由单位时间内所发生的振铃计数或累计振铃计数曲线来表述,代表声发射信号源的活动程度,反映缺陷如裂隙的实时变化和发展情况,累计振铃计数增长越快表明信号活度越大,说明损伤发展速率越大。近年来,作为一种无损检测技术,声发射技术已经被广泛应用于建筑材料的损伤检测中,它在混凝土断裂力学方面的应用也越来越广泛,部分学者使用声发射技术测量裂缝扩展的全过程。

3.5.2 试验方案

3.5.2.1 试件准备

试验设置一组不掺橡胶颗粒的对照组和四组橡胶掺量不同的橡胶混凝土试验组,掺量分别为 5%,10%,15%,20%。试件配比如表 3-7 所示。

表 3-7　橡胶混凝土配合比　　　　　　　　　　　　　单位:kg/m³

编号	水泥	水	细骨料	粗骨料	橡胶颗粒	减水剂
RC0	380	171	819	1 000	0	1.9
RC5	380	171	791	1 000	11.64	1.9
RC10	380	171	763	1 000	23.28	1.9
RC15	380	171	735	1 000	34.92	1.9
RC20	380	171	707	1 000	46.56	1.9

弯拉断裂试验采用尺寸为 100 mm×100 mm×400 mm 的混凝土梁。试件浇筑成型 24 h 后拆模,然后置于温度 20℃、湿度 100% 的养护室内养护直至开始试验。试验前对养护好的试件预切长 30 mm、宽 2 mm 的裂缝,准备进行弯拉断裂试验。

3.5.2.2 加载方案

利用 MTS 试验装置通过三点弯拉测试方法对预切裂缝的橡胶混凝土进行断裂力学特性研究,梁的有效跨长 S 为 300 mm,试件及测试装置示意图如图 3-42 所示。试验过程中试件承载的荷载及裂缝张口位移(CMOD)分别通过试验机力传感器和夹式引伸计测试并采集存储至电脑中。夹式引伸计固定在试件底部预制裂缝两端,可以实时监测裂缝张口位移。为了研究循环弯拉荷载下橡胶混凝土材料的断裂损伤过程,本节分别通过 CMOD 控制加载过程实现了荷载-张口位移的循环加卸载全过程曲线的测试以及荷载控制的等荷载幅循环荷载-张口位移曲线。CMOD 控制的试验加载速率为 0.002 mm/s,加载制度为首先加载至 0.01 mm 开始卸载,再加载至 0.04 mm 卸载,然后以每循环增加 0.02 mm 以卸载点开始卸载然后加载如此往复,直至 0.3 mm 采用单调加载方式结束试验。荷载控制的等幅循环试验应力强度因子比值为(即荷载幅与峰值荷载的比值)0.95,加载频率为

1 Hz。每组试验重复进行 3 次。

（a）三点弯拉试验装置实物图

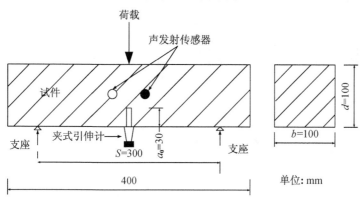

（b）三点弯拉试验装置示意图

图 3-42　试件及测试装置示意图

　　试验采用美国声学物理公司生产的 SAMOSTM 系列声发射仪采集和存储声发射信号，采集控制软件为 AEwin™。前置放大器型号为 PAC-2/4/6 带宽为 10 kHz～2.0 MHz，设置其增益为 40 dB。布置一只直径为 18 mm，带宽为 100 kHz～1.0 MHz 的宽频传感器于试件中部，利用耦合剂（凡士林）通过橡胶带将其固定于试件表面。通过综合比较采集卡和传感器的频率范围，设置系统带通滤波器范围为 100～400 kHz，可有效抑制背景噪声的影响。设置波形采样频率为 3 MHz，足以用于分析频率低于 400 kHz 声发射信号的频谱特征。对于每一个声发射撞击，同步记录和存储 4 096 点的声发射波形，即同步记录 1 365 μs 长的波形。门限值越低，会有更多可疑的微弱信号被采集，也会导致声发射撞击的持续时间过长，不利于分析波形，基于这一考虑，通过预试验及现场加载设备噪声水平评定，设置系统门限值为 35 dB。

3.5.3 脆性指数

橡胶混凝土的断裂模式如图 3-43 所示。根据脆性指数可以用材料弹性能与吸收总能量之比值表示：

$$BI = \frac{E_{\text{elastic}}}{E_{\text{total}}} \qquad (3\text{-}24)$$

式中：E_{elastic} 和 E_{total} 分别表示材料弹性能和总能量。对于弹塑性材料而言，由于材料内部变形不可恢复，因此脆性指数接近 0。弹脆性材料则相反，脆性指数接近 1。本文通过计算获得的橡胶混凝土材料脆性指数如图 3-44 所示。从图中可以看出，随着橡胶颗粒掺量的增加，橡胶混凝土的脆性指数减小。这说明利用一部分橡胶颗粒取代普通混凝土材料中的细骨料河砂能够增加材料的韧性，使材料在受力过程中吸收能量增大。

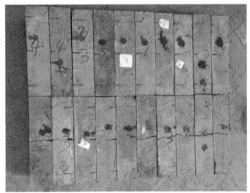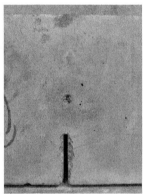

图 3-43　橡胶混凝土的断裂模式

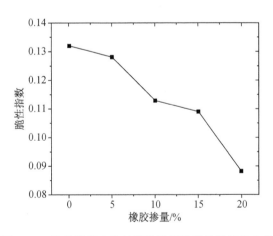

图 3-44　橡胶混凝土脆性指数随橡胶颗粒掺量的变化

3.5.4 裂缝扩展分析

图 3-45 给出了部分典型荷载-裂缝张口位移曲线试验结果。从图中可以看出，在峰值荷载前，荷载-位移曲线基本是线性的，接近峰值荷载时，曲线有非线性趋势。根据双 K 断裂理论，荷载-张口位移曲线由线性到非线性的转折点是混凝土材料的起裂点，而峰值荷载则对应混凝土材料的失稳断裂点。以 CMOD 控制的循环加载试验主要对峰值荷载后混凝土断裂过程区进行研究。

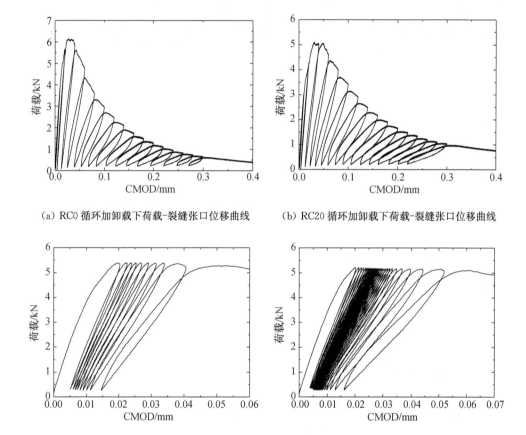

(a) RC0 循环加卸载下荷载-裂缝张口位移曲线

(b) RC20 循环加卸载下荷载-裂缝张口位移曲线

(c) RC0 疲劳加载下荷载-裂缝张口位移曲线

(d) RC20 疲劳加载下荷载-裂缝张口位移曲线

图 3-45　部分典型荷载-裂缝张口位移曲线试验结果

根据线弹性断裂力学理论，三点弯荷载下裂缝扩展长度可以采用 Shah 建议的方法确定。根据这种方法，裂缝扩展长度可以通过结构刚度进行计算，同时可以确定对应的应力强度因子。计算结果如图 3-46 所示。从图 3-46(a) 中可以看出，裂缝扩展长度随张口位移的增大而增加，当张口位移达到 0.3 mm 时，裂缝扩展长度约等于 85 mm。且随着橡胶掺量的增加，相同位移情况下，裂缝长度逐渐减小。图

3-46(b)表示应力强度因子随裂缝张口位移的变化。从图中可以看出,CMOD 小于 0.15 mm 时,同一种橡胶混凝土试件的应力强度因子基本保持不变。本文试验结果与 Subramaniam 的试验结果一致,Subramaniam 通过准静态三点弯断裂试验研究表明,混凝土梁在峰值荷载后的应力强度因子保持不变,与临界应力强度因子相等。然而,当 CMOD 大于 0.15 mm 时,应力强度因子逐渐减小,计算误差较大。这主要是随着加载过程的进行,裂缝扩展过程区具有明显的非线性特征。在这种情况下,如果仍然直接把初始裂缝长度代入传统线弹性断裂力学公式进行计算将大大低估结构实际的裂缝抵抗力。因此,需要利用非线性断裂力学理论解释,目前没有简便直接的计算方法。本节只研究应力强度因子恒定阶段。随着橡胶颗粒掺量的增加,应力强度因子逐渐减小。不掺橡胶的素混凝土应力强度因子约为 $40 \ \text{N/mm}^{\frac{3}{2}}$,橡胶颗粒取代河沙掺量为 5%,10%,15%,20% 时,应力强度因子分别降低 2.0%,3.4%,12.0% 和 14.9%。

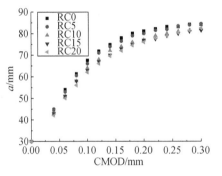

（a）循环加卸载工况有效裂缝扩展长度

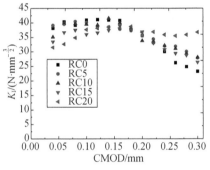

（b）循环加卸载工况应力强度因子

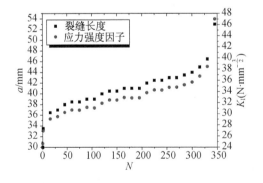

（c）疲劳加载工况有效裂缝扩展长度

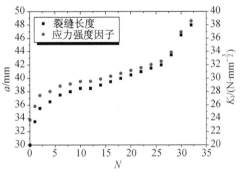

（d）疲劳加载工况应力强度因子

图 3-46   计算结果

在等幅循环荷载下,橡胶混凝土裂缝扩展与应力强度因子如图 3-46(c)、(d) 所示。从图中可以看出素混凝土和橡胶颗粒混凝土裂缝扩展规律相同,与损伤累积过程类似,均是三阶段扩展规律,且利用裂缝扩展长度计算的应力强度因子也与其扩展规律相同。这与等应力幅压缩循环荷载及循环轴拉荷载下混凝土材料的弹模衰减、应变累积规律相同,说明在等荷载幅值循环荷载下混凝土材料的损伤演化规律与加载方式无关。

表 3-8　循环弯拉荷载下试件裂缝扩展长度和应力强度因子

样品	$a^{95\%postpeak}$ /mm	$K_I^{95\%postpeak}$ /(N·mm$^{-\frac{3}{2}}$)	$a^{95\%}$ /mm	$K_I^{95\%}$ /(N·mm$^{-\frac{3}{2}}$)
RC0	44.7	38.1	53	47
RC5	44.5	38.3	52	45
RC10	45	33.5	49	37
RC15	44	34.4	47	37
RC20	42	33.6	48	39

以 CMOD 和荷载控制的循环弯拉荷载下橡胶混凝土材料破坏时的裂缝扩展长度和应力强度因子比较结果如表 3-8 所示。表中,$a^{95\%postpeak}$ 和 $K_I^{95\%postpeak}$ 分别表示峰值荷载后荷载下降至峰值荷载 95% 时结构的裂缝扩展长度及相应的应力强度因子。$a^{95\%}$ 和 $K_I^{95\%}$ 分别表示等荷载幅循环荷载下试件破坏时结构的裂缝扩展长度及相应的应力强度因子。结果表明,等荷载幅循环荷载下结构破坏时的裂缝扩展长度及应力强度因子较峰后相应荷载对应的裂缝扩展长度及应力强度因子略大。与 Subramaniam 的破坏准则不同,Subramaniam 对普通混凝土进行三点弯拉断裂试验结果表明,等幅疲劳荷载下结构破坏时裂缝长度及应力强度因子均与静载下相应峰后荷载水平下相等,因此,可以利用准静态荷载下的试验结果预测疲劳荷载下结构的破坏。这一混凝土结构破坏准则已被许多学者应用,且得到了验证。而本文试验结果与之略有差别,利用上述破坏准则预测结果偏于保守。

3.5.5　声发射参数分析

3.5.5.1　撞击数

通过声发射三维定位方法对混凝土材料弯拉断裂试验研究表明,声发射信号主要发生在跨中裂缝带范围内。本节获得的典型橡胶混凝土三点弯曲梁裂缝扩展区声发射撞击数累积曲线如图 3-47 和图 3-48 所示。图 3-47 表示标号为 RC0 和 RC20 的橡胶混凝土以 CMOD 控制的三点弯循环荷载下荷载-张口位移曲线及对应的声发射撞击数累积曲线。从图中可以看出橡胶混凝土材料的声发射活动在荷载水平很低时就开始产生,随荷载的增加而逐渐增加。说明在荷载水平较低时,混凝土材料内部已经有微裂纹损伤,在荷载作用下,裂纹持续增长。在卸载阶段,试件不产生声发射活动,再次加载超过历史荷载时声发射活动继续累积,这是混凝土材料的凯塞效应。忽略卸载过程中试件声发射活动情况,在整个加载过程中,声发射撞击数累积过程可以分为两个阶段:第一阶段对应荷载-位移线弹性阶段,这一阶段混凝土材料的力学性能基本呈线弹性,内部损伤甚微,因此,声发射活动不明显。随着加载过程的继续,裂缝逐渐扩展,材料进入非线性阶段。损伤加速累积,声发射撞击数累积曲线斜率明显增大。当裂缝扩展至一定程度,断裂过程区损伤发育较为成熟,此时损伤速率逐渐变慢,声发射活动也逐渐稳定,声发射撞击数累积速率逐渐趋于平缓。

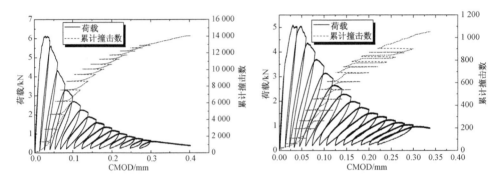

(a) RC0 循环加卸载下 AE 撞击累计曲线　　　　(b) RC20 循环加卸载下 AE 撞击累计曲线

图 3-47　RC0 和 RC20 循环加卸载下 AE 撞击累计曲线

图 3-48 表示标号为 RC0 和 RC20 的橡胶混凝土以荷载控制的三点弯循环荷载下随循环次数增加结构刚度衰减曲线及对应的声发射撞击数累计曲线。从图中可以看出,声发射撞击数的累计曲线变化和结构刚度衰减变化规律一致,三阶段变化过程:初始—稳定—加速阶段。因此,利用声发射累计撞击数刻画混凝土类材料的损伤程度是合理的。

表 3-9 给出弯拉循环荷载下试件在峰值荷载处和破坏时橡胶混凝土累计声发射撞击数和振铃数试验结果。结果表明,对于橡胶混凝土试件而言,随着橡胶颗粒掺量的增加,橡胶混凝土的声发射活性降低,损伤发展活跃性较素混凝土明显降低。峰值荷载处声发射撞击数和振铃数占累计总量很小的一部分,声发射活性主要发生在峰后软化段。峰后软化段试件内的微裂纹开始聚合形成宏观裂缝,裂缝扩展区非线性越来越明显。

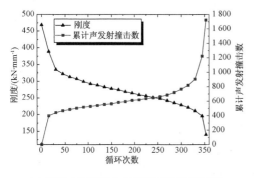

(a) RC0 在恒定压力水平循环荷载下的刚度
衰减和声发射撞击数累计曲线

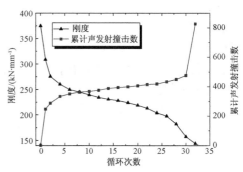

(b) RC20 在恒定压力水平循环荷载下的刚度衰减
和声发射撞击数累计曲线

图 3-48　RC0 和 RC20 在恒定压力水平循环荷载下的刚度衰减和声发射撞击数累计曲线

表 3-9　弯拉循环荷载下试件在峰值荷载处和破坏时橡胶混凝土累计声发射撞击数和振铃数

试件名	CMOD 控制循环加载				等荷载幅循环加载	
	峰值荷载处		失效处		失效处	
	累计撞击数	累计振铃数	累计撞击数	累计振铃数	累计撞击数	累计振铃数
RC0	805	9 022	14 049	251 142	1 947	72 151
RC5	994	11 427	8 572	102 023	1 038	42 833
RC10	435	4 011	5 615	56 435	1 040	28 361
RC15	441	4 658	2 206	20 722	873	26 320
RC20	57	446	1 052	10 362	833	21 153

　　比较相同材料等幅循环荷载下试件破坏时的声发射撞击数和振铃数比 CMOD 控制的包含下降段的循环荷载下声发射撞击数和振铃数明显减少。主要原因是在高荷载幅循环荷载下试件发生破坏时,裂缝扩展程度较完全卸载至峰后段荷载水平很小时小很多,这一点可以从裂缝扩展长度试验结果看出(见表 3-8)。此外,从图 3-48 中可以看出,在高荷载幅低周循环荷载下,循环加载至整个破坏过程的 80% 左右时,测得的结构声发射撞击数只占总数的一半。在等荷载幅循环荷载下,结构内微裂纹缓慢增长,随着加载的持续,微裂纹不断扩展、聚合形成宏观裂缝扩展至临界值,此时,结构临近破坏,损伤加速,声发射撞击数累计速度也突然增大。

　　橡胶颗粒混凝土声发射撞击数降低的原因可以归纳为以下几点:首先,假设橡胶混凝土材料中的橡胶颗粒是连接裂缝之间的空隙,因此降低了裂缝扩展的锋利程度,裂缝的存在导致试件内应力松弛并最终减小裂纹扩展的动能。同时也减缓了微裂纹聚合形成宏观裂纹的速度,从而减小声发射撞击数的累计速度。其次,当裂缝扩展至橡胶颗粒与水泥浆的交界面时,将会沿着界面的方向扩展形成新的裂缝,而这种界面黏结力明显小于水泥浆与天然河砂之间的界面黏结力,因此,声发射活性降低。最后,橡胶颗粒较天然砂石料具有更大的吸收声波能力,因此,测得的声发射撞击数降低。

3.5.5.2　声发射能量

以 CMOD 控制的循环弯拉荷载下橡胶混凝土梁累计声发射能量随卸载位移的变化过程曲线如图 3-49 所示。声发射能量能够表示结构内部裂缝扩展需要的能量。

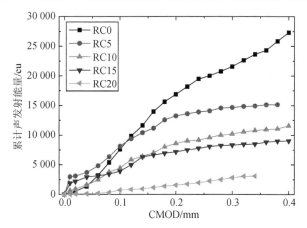

图 3-49　橡胶混凝土梁累计声发射能量随卸载位移的变化

从图中可以看出试件破坏时累计声发射能量随橡胶颗粒掺量的增加显著减小,表明掺入橡胶颗粒会降低裂缝扩展能量。声发射能量累计曲线呈明显的三阶段演变过程:稳定—快速—稳定。在位移 0.03 mm 左右(对应弯拉峰值荷载)时,声发射能量几乎没有增长,说明在荷载峰值前阶段试件内断裂损伤区内裂纹扩展不明显,声发射活性较小。达到峰值荷载时,裂缝扩展区内裂纹进一步扩展形成宏观可视裂缝,此时断裂过程区声发射活性最活跃,能量快速累积,直至峰值荷载后0.2 mm 位移处。快速累积阶段的声发射能量占总量的 80% 左右。随着加载的继续,试件内断裂过程区损伤发育逐渐趋于成熟,因而声发射活性也逐渐趋于稳定,声发射能量缓慢累积。

3.5.6　基于声发射的损伤预测模型

从图 3-45(a)、(b)可以看出下降段表现出明显的非线性软化特性,且随着循环加载过程的持续,试件卸载刚度(卸载曲线的割线斜率)逐渐减小。图 3-45(c)、(d)表示典型的等荷载幅循环荷载下橡胶混凝土材料的荷载-位移曲线,从图中可以看出,随着循环加载过程的继续,荷载保持不变,裂缝张口位移逐渐增大,且荷载

-张口位移滞回曲线呈疏—密—疏变化规律。同时,从图中荷载-位移曲线可以直观地看出刚度随加载过程逐渐减小。根据连续损伤力学理论,材料的损伤参数可以用弹模衰减表示。本文用试件刚度的衰减代替弹模表示混凝土断裂损伤程度 D,如下式所示:

$$D = 1 - \frac{K_i}{K_0} \qquad (3-25)$$

式中: K_i 和 K_0 分别表示第 $i(i=1,2,3,\cdots)$ 次卸载时试件的刚度及试件初始刚度。

通过试验结果计算的弯拉循环荷载下橡胶混凝土损伤演化过程如图 3-50 所示。图 3-50(a)、(b)分别表示以 CMOD 和荷载控制的三点弯拉循环荷载下试件的损伤演化曲线。从图 3-50(a)可以看出以 CMOD 控制的循环荷载下材料损伤呈三个阶段:第一阶段损伤累积不明显,主要发生在峰值荷载之前峰值荷载的 $60\% \sim 70\%$ 左右处,裂缝张口位移约为 0.03 mm;第二阶段损伤累积明显,在裂缝张口位移 0.10 mm 时,损伤已高达 0.8 以上;当位移超过 0.10 mm 时,试件已接近完全断裂状态,此时损伤累积速度明显减小。

比较图 3-50(a)中 5 条损伤演化曲线可以看出,在相同裂缝张口位移时,随着橡胶颗粒掺量的增加,材料损伤值逐渐减小。其主要原因是在裂缝扩展过程中,与河砂相比,橡胶颗粒能够吸收更多的能量。如图 3-50(b)所示以荷载控制的等应力强度因子幅加载工况下试件的损伤呈 S 形三阶段累积过程:第一阶段快速累积,在加载循环比(加载循环次数/加载至破坏时的循环次数)为 0.1 时,损伤值约为 0.3;第二阶段发生在加载循环比为 0.1 至 0.9 之间,此阶段损伤稳定增长至 0.6 左右;第三阶段发生在加载循环比 0.9 之后,此时试件内部损伤已经累积到一定程度,在继续加载过程中试件内部损伤加速累积直至完全断裂破坏。

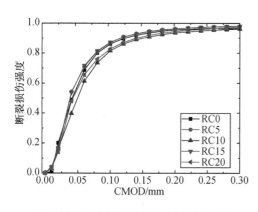

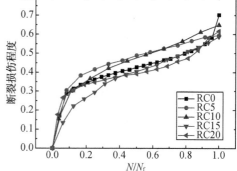

(a) 循环荷载工况下橡胶混凝土损伤演化曲线 (b) 疲劳加载工况下橡胶混凝土损伤演化曲线

图 3-50　损伤演化曲线

对以 CMOD 控制的循环荷载下三点弯梁断裂过程区累积声发射撞击数与损伤之间的关系进行量化,结果如图 3-51 所示。对试验结果进行线性回归得到的累积声发射撞击数与损伤之间的关系可以用如下对数二次多项式表示:

$$\log_{10}(AE\,hits) = a \cdot D^2 + b \cdot D + c \tag{3-26}$$

式中:a,b,c 表示回归系数,与试验材料及试件尺寸等有关,其值及对应的拟合相关系数平方列于表 3-10 中;$AE\,hits$ 表示累积声发射撞击数;D 表示损伤。

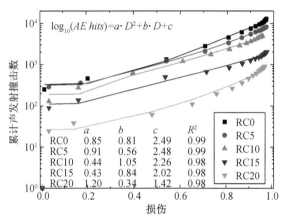

图 3-51　声发射撞击数与损伤之间的关系

表 3-10　模型拟合参数及相关系数平方

试件编号	a	b	c	R^2
RC0	0.85	0.81	2.49	0.99
RC5	0.91	0.56	2.48	0.99
RC10	0.44	1.05	2.26	0.98
RC15	0.43	0.84	2.02	0.98
RC20	1.20	0.34	1.42	0.98

通过测试试件断裂过程区的声发射撞击数,即可利用上述公式对其损伤程度进行预测。声发射无损检测方法在预测结构损伤破坏程度的应用和电阻测试方法互为补充。

3.6　本章小结

本章提出了一种基于改进 DPT 技术的橡胶混凝土断裂韧性评价方法,并针对橡胶混凝土开展了轴拉和弯拉断裂试验,研究了普通混凝土与橡胶混凝土的力学性能及断裂性能差异,建立了橡胶混凝土拉伸本构模型,揭示了橡胶颗粒掺量对橡胶混凝土断裂力学性能的影响。得出主要结论如下：

（1）DPT 的失效机制能为橡胶混凝土样品提供可靠的数据。在 DPT 测试中，橡胶混凝土形成多条裂纹，断裂面达到 3～4 个，高于普通混凝土，能得出更高的单位破裂表面系数。从荷载变形曲线可以看出橡胶的掺入有效提高了混凝土的韧性，试件在受力破坏时会吸收更多的能量。取代率为 10％的橡胶混凝土的强度损失率仅为 1.51％，这表明在适宜的掺量范围内橡胶混凝土可以在保证强度的前提下获得更高的韧性。

（2）橡胶掺量的增加会造成混凝土试件峰值强度的降低，但橡胶颗粒的掺入可以减缓峰后应力下降的速率。在轴拉往复荷载工况下，塑性应变与卸载应变之间具有明显的线性关系，加载滞回环会因橡胶含量的增大而越发饱满。随着试验的进行，试件的割线模量会逐渐衰减。与普通混凝土相比，橡胶混凝土的割线模量衰减幅度更低。结合弹塑性理论，构建了橡胶混凝土轴拉应力-应变本构关系模型。

（3）基于试验所得曲线，构建了橡胶混凝土细观模型，模拟了橡胶混凝土微裂纹扩展，聚集成核形成宏观裂缝全过程，探究了试件强度、韧性、最终裂缝形态与橡胶掺量的关系。模拟结果表明，在橡胶颗粒级配相同时，随着橡胶含量的增加，试件强度降低，试件韧度提高，材料整体破坏速度减缓。

（4）以 CMOD 控制的弯拉断裂荷载下材料损伤呈缓慢—快速—缓慢三个阶段。随着橡胶颗粒掺量的增加，材料损伤值逐渐减小。试件接近完全破坏时，裂缝扩展长度约等于 85 mm。且随着橡胶掺量的增加，应力强度因子减小。在相同位移情况下，裂缝长度逐渐减小。以荷载控制的等应力强度因子幅加载工况下试件的损伤呈快速—稳定—加速的 S 形三阶段累积。结构破坏时的裂缝扩展长度及应力强度因子较峰后相应荷载对应的裂缝扩展长度及应力强度因子略大。

（5）随着橡胶颗粒掺量的增加，橡胶混凝土的脆性指数减小，声发射活性降低，损伤发展活跃性较素混凝土明显降低。等幅循环荷载下试件破坏时的声发射撞击数和振铃数比 CMOD 控制的包含下降段的循环荷载下声发射撞击数和振铃数明显减少。基于试验结果，构建了累计声发射撞击数与橡胶混凝土损伤之间的关系。

4

橡胶混凝土疲劳特性

4.1 引言

在实际工程中,混凝土材料往往会受到疲劳荷载作用。例如路面板材料,不可避免地会受到来来往往行驶车辆的往复荷载的作用。地震荷载下,强震会对混凝土结构施加高应力往复荷载,从而引起低周疲劳,降低结构物抗拉余度,导致结构物的坍塌,而目前现有的橡胶混凝土的研究成果尚且不能很好地满足上述实际情况下结构物的设计需求,开展橡胶混凝土材料疲劳力学特性的合理探讨以及深入分析的相关工作迫在眉睫。本章研究采用 MTS 试验装置针对橡胶混凝土开展了低周常幅轴拉疲劳试验,探究了橡胶混凝土疲劳应变的增长特性,并基于第二应变率得到了轴拉荷载下第二应变率与疲劳寿命之间的关系模型。通过开展四点弯拉疲劳试验研究了应力水平、加载频率以及应力率对橡胶混凝土疲劳力学特性的影响,探究了不同工况下橡胶混凝土疲劳寿命以及应变和刚度的变化规律。并结合压汞试验,获取了不同疲劳损伤下的橡胶混凝土试件的孔结构分布曲线,建立了不同加载工况下孔结构参数与循环次数及破坏概率之间的关系。

4.2 轴拉往复荷载下橡胶混凝土疲劳力学特性

4.2.1 试验方案

4.2.1.1 试件准备

轴拉疲劳加载试验选用替代率为 5% 的橡胶混凝土试件,配合比见表 4-1。

表 4-1 配合比设计 单位:kg/m³

	水泥	粉煤灰	硅灰	水	减水剂	橡胶	砂	石子
RC5	385	139	26	200	7.5	20.75	967	800

注:轴拉试验进行前,将养护完成的试件切割成 100 mm×100 mm×150 mm 的形式。

4.2.1.2 加载方案

常幅疲劳加载试验分为三个阶段：第一阶段采用 3 个试件进行轴拉试验来测定其准静态轴拉强度，增荷速率为 0.1 kN/s，得到的准静态轴拉强度为 2.37 MPa。第二阶段根据试验得到的准静态轴拉强度，设计应力水平 S 分别为 0.90，0.85 以及 0.80，应力率 R 为 0.10，并采用 4 Hz 加载频率进行轴拉疲劳试验，每种工况下加载 4 个试件。试件疲劳破坏的形式如图 4-1(b) 所示。从图中可以看出，断裂位置位于引伸计标距范围内。随后，在第三阶段，根据不同试件破坏时的循环次数确定不同应力水平下橡胶混凝土的平均轴拉疲劳寿命，并在每种应力水平下进行循环比分别为 0.20，0.40，0.60 和 0.80 的疲劳试验，循环结束后将试件单调加载至破坏，并测量其残余疲劳强度。该阶段共采用了 15 个试件进行残余强度的测定。

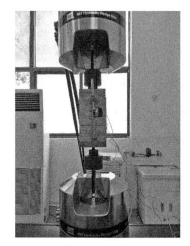 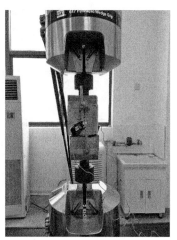

(a) 试件安装方式　　　　　　　(b) 试件破坏形式

图 4-1　试件安装方式和破坏形式

4.2.2　疲劳力学特性

4.2.2.1　疲劳寿命

各应力水平下橡胶混凝土的疲劳寿命测得情况见表 4-2。从表 4-2 中可以看出，当应力水平提高时，橡胶混凝土疲劳寿命不断降低，此规律与其他学者得出的结论相同。

4.2.2.2　应力-应变曲线

图 4-2 展示了不同轴拉应力水平下橡胶混凝土的应力-应变曲线。从图中可以看出，疲劳加载中的滞回曲线非线性特征十分明显，滞回环不断随加载的进行向 X 轴（应变）正向移动，且临近破坏时，滞回环面积迅速增大，这意味着临近疲劳破

表 4-2　不同应力水平下橡胶混凝土试件的疲劳寿命

应力水平 S	循环次数(N_f)	$\log(N_f)$	平均值
0.90	292	2.465	193
	198	2.297	
	113	2.053	
	169	2.228	
0.85	129	2.111	1 162
	2 289	3.360	
	1 053	3.022	
	1 178	3.071	
0.80	4 644	3.667	5 573
	4 491	3.652	
	11 369	4.056	
	1 789	3.253	

坏时试件内部的微裂缝开始不断扩展,并聚合成宏观裂缝。这一过程中能量耗散可以通过滞回环包围的面积来体现。同时,根据表 4-2 中计算得到的平均疲劳寿命,本次研究得到了不同应力水平以及不同循环比后橡胶混凝土的残余力学性能,如表 4-3 所示。从表中可以看出,进行了一定循环比的疲劳作用后,橡胶混凝土剩余强度以及残余割线模量均有了一定程度的衰弱,后面将对其进行进一步的探讨。

4.2.2.3　最大应变

混凝土疲劳加载过程中的应变是由两个引伸计的平均值计算得到的。图 4-3

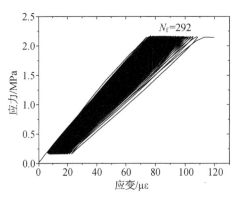

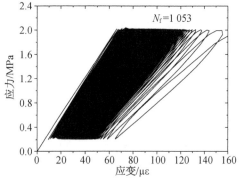

（a）橡胶混凝土的应力-应变曲线（S=0.90）　　（b）橡胶混凝土的应力-应变曲线（S=0.85）

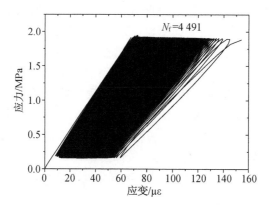

（c）橡胶混凝土的应力-应变曲线（$S=0.80$）

图 4-2　不同轴拉应力水平下橡胶混凝土的应力-应变曲线

表 4-3　不同应力水平以及循环比后橡胶混凝土试件残余力学特性

应力水平 S	循环比（N/N_f）	剩余强度/MPa	初始模量/GPa	剩余模量/GPa
	0.20	2.341	31.61	27.06
	0.40	2.289	28.1	25.86
0.90	0.60	2.316	33.14	30.46
	0.80	2.274	30.25	28.21
	0.20	2.254	27.14	25.57
	0.60	2.214	30.4	27.22
	0.20	2.342	30.68	27.70
	0.40	2.156	25.57	24.63
0.85	0.60	2.365	30.54	27.48
	0.80	2.078	30.64	28.13
	0.40	2.274	29.20	26.41
	0.20	2.254	32.41	31.66
	0.40	2.287	26.71	22.56
0.80	0.60	2.389	33.14	29.27
	0.80	2.315	35.89	26.54

表示了 0.90,0.85 及 0.80 这三种应力水平下橡胶混凝土最大应变随循环次数递增时的变化过程。根据图中曲线可以发现,应力水平为 0.85 和 0.80 的两条曲线

几乎重合,而应力水平为0.90对应的曲线则位于上述两条曲线下方,由此可见最大应变变化过程与应力水平之间无明显关系。然而橡胶混凝土疲劳最大应变的变化规律呈现出明显的三阶段形式,与大多数试验研究结果相符合。第一阶段占总体疲劳过程的5%～10%,在该阶段中试件内部微缺陷的存在导致应力重分布,因此起始变形增长速率较快,随后逐渐降低,进入第二阶段;第二阶段应变累积速率趋于一个常数,具体表现为曲线斜率的变化幅度减小,逐渐趋于一条直线,此时试件内部的微裂缝不断形成,损伤不断加剧,该阶段占总体疲劳过程的70%～80%左右;第三阶段进入破坏阶段,该阶段中试件内部的微裂缝不断聚合成宏观裂缝,裂缝扩展速度加快,因此测得的变形累积速率也逐渐增长,直至到达临界值时试件破坏。

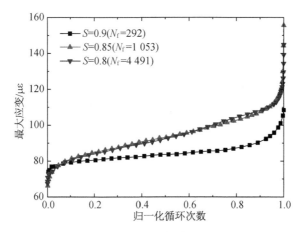

图4-3 不同应力水平疲劳荷载下橡胶混凝土最大应变演化过程

4.2.3 损伤模型构建

4.2.3.1 第二应变率

在常幅疲劳加载过程中,由于施加的荷载值不变,因此在不同工况疲劳阶段中混凝土的残余强度很难得到准确的评估。本节研究通过不同应力水平下的不同循环比疲劳试验,对橡胶混凝土残余强度以及残余割线模量进行测量和计算。然而,由于混凝土试件存在离散性,即个体之间的力学性能(强度、模量)差异性较大,因此采用平均疲劳寿命计算的循环比与不同试件实际承受的循环比有很大的差异。为了定量评估并计算未加载至破坏的橡胶混凝土试件的疲劳寿命,此处引入了第二应变率的概念,如图4-4所示。由图可知,第二应变率是指第二阶段过程中单位循环次数下最大应变的增长幅值。由于疲劳加载第二阶段所占的循环比长度不等,且靠近中心区域的曲线线性关系更为明显,因此为了更加精准地对第二应变率进行计算,本节研究中的第二应变率采用疲劳寿命30%～60%的斜率来进行表示。

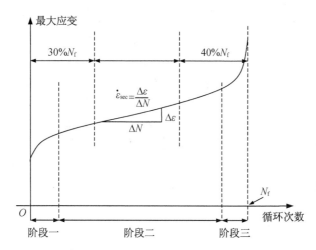

图 4-4　常幅轴拉疲劳加载下最大应变变化规律示意图

图 4-5 展示了常幅疲劳加载试验中 12 个疲劳破坏试件的第二应变率与疲劳破坏次数之间的关系。从图中可以看出,将横坐标与纵坐标进行对数转化之后,第二应变率与疲劳次数之间呈现较明显的线性关系,同时应力水平对第二应变率与疲劳寿命之间的关系影响可忽略不计,因此此处采用幂函数的形式对两者之间的关系进行拟合:

$$\dot{\varepsilon}_{sec} = 10^{0.953} \cdot N_f^{-0.893} \tag{4-1}$$

其中, $\dot{\varepsilon}_{sec}$ 代表第二应变率, N_f 代表疲劳寿命。图 4-5 同时表示了根据公式(4-1)得到的计算曲线,可以发现,计算曲线与试验值符合程度良好。为了比较橡胶混凝土与普通混凝土轴拉疲劳特性之间的差异,图中还展示了 Chen 等人对普通混凝土进行轴拉试验后得到的第二应变率与疲劳寿命之间的关系模型。

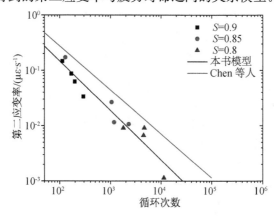

图 4-5　第二应变率模型计算和比较

为了进一步增加研究结果的可靠性,图 4-6 将试验得到的第二应变率变化规律与其他学者得到的规律进行比较。根据图中信息,在同样的第二应变率条件下,Isojeh 等人得到的普通混凝土以及钢纤维混凝土疲劳寿命最大,Chen 等人得到的普通混凝土疲劳寿命其次,本试验得到的结果则最小。上述现象的原因可以解释为:Isojeh 等人采用狗腰形试件进行试验,试件最长,测量标距为 200 mm,拉伸效应最明显,同时钢纤维抗拉强度最大,其掺入有利于提升混凝土整体抗拉能力和延性特征,这也就导致了同等情况下采集得到的疲劳寿命也最大。而对于 Chen 等人的研究而言,其较大轴拉长径比的选取以及较好的试件均匀性可以作为相对较佳的疲劳力学特性的初步解释。

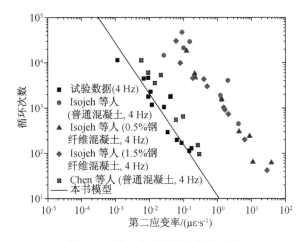

图 4-6　第二应变率变化规律对比

通过对不同应力水平以及不同循环比条件下的橡胶混凝土剩余强度以及残余割线模量进行了测量,结果发现所有的试件在疲劳试验终止前均已进入第二阶段,因此可以采用第二应变率公式计算此类试件的实际疲劳寿命。根据公式(4-1)计算得到的橡胶混凝土真实疲劳寿命与剩余强度关系形式如图 4-7(a)所示。由图中数据点分布规律可知,当真实归一化循环次数逐渐增加时,除了少数的数据点,在总体上残余强度呈现明显的下降形式。图 4-7(b)展示了按照设计方案时采用的平均疲劳寿命计算的循环比作为横坐标所绘制的图像,图中的试验点呈现离散分布,规律较为杂乱。经对比,本次研究中采用的第二应变率方法可以很好地预测橡胶混凝土试件的真实疲劳寿命。

为了进一步验证该方法的正确性,图 4-8 展示了橡胶混凝土真实疲劳寿命与残余割线模量之间的关系。这里残余割线模量指疲劳加载结束后混凝土试件加载破坏时的初始弹性模量。从图中可以看出,残余割线模量的衰减规律较强度衰减而言更明显,因此进一步证明第二应变率模型的可行性。

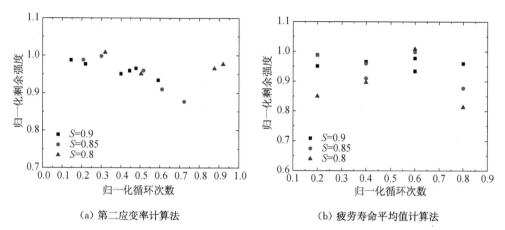

（a）第二应变率计算法　　　　　　（b）疲劳寿命平均值计算法

图 4-7　第二应变率和疲劳寿命平均值计算法

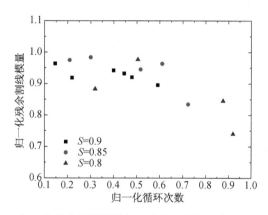

图 4-8　归一化残余割线模量与真实归一化循环次数之间的关系

4.2.3.2　材料参数 β 的确定

$S-N$ 曲线的绘制是研究混凝土疲劳寿命最为经典，也是最为实用的方法。其中，Jakobsen 模型同时考虑了应力水平 S 和应力率 R 的影响，在混凝土拉伸、压缩以及弯曲疲劳寿命的计算过程中有着十分广泛的运用，该模型形式如下：

$$S = 1 - \beta(1-R)\log N_{\mathrm{f}} \tag{4-2}$$

其中，S 代表应力水平，N_{f} 代表混凝土的疲劳寿命，R 代表应力率，β 代表材料参数。虽然 Hsu 认为该模型忽略了混凝土徐变的影响，特别是在 $R=1$ 工况下尤为明显，但在低应力率下该模型依然可以较好地进行疲劳寿命的计算，因此本文依然采用本模型对橡胶混凝土疲劳寿命进行预测。

由于第二应变率对混凝土疲劳寿命有着良好的预测效果，因此本次研究采用将式（4-1）和式（4-2）结合起来的方法，来探究应力水平以及第二应变率之间的关联性：

$$S = 1 - 1.115\beta(1-R)(0.953 - \log\dot{\varepsilon}_{sec}) \tag{4-3}$$

本次研究中 R 的取值为 0.1。通过拟合方法，拟合得到的 β 取值为 0.056 7。试验结果与拟合曲线如图 4-9 所示。从图中可以看出，两者符合程度良好。因此本次研究得到的材料参数值 β 可用至橡胶混凝土的轴拉疲劳加载工况。

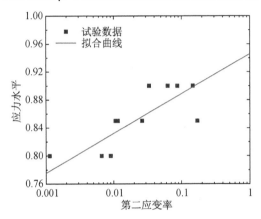

图 4-9　第二应变率与应力水平之间的关系情况

4.2.3.3　模型计算

在混凝土的疲劳加载中，必然伴随着由微裂纹、初始缺陷等因素造成的损伤的不断演化。根据 Gao 和 Hsu 的研究结果，混凝土疲劳损伤扩展形式可以采用如下形式进行表示：

$$\frac{\delta D}{\delta N} = F(N, \Delta f, D) = k_1 \exp\left(\frac{s\Delta f}{f_t}\right)N^K \tag{4-4}$$

式中：k_1, s, K 均为参数，$\Delta f/f_t$ 为应力水平，f_t 代表抗拉强度。对公式(4-4)进行积分：

$$D = k_1 \exp\left(\frac{s\Delta f}{f_t}\right)\frac{N^{K+1}}{K+1} \tag{4-5}$$

当试件破坏时，$D = D_{cr}$：

$$D_{cr} = k_1 \exp\left(\frac{s\Delta f}{f_t}\right)\frac{N_f^{K+1}}{K+1} \tag{4-6}$$

将公式(4-6)对数化，可以得到与公式(4-2)类似的形式：

$$S = \frac{1}{s}\ln\frac{D_{cr}(K+1)}{k_1} - \frac{K+1}{s}\ln N_f \tag{4-7}$$

为了考虑频率、波形以及应力率的影响，公式（4-8）描述了 Isojeh 等人提出的多影响因素的 S-N 曲线表达形式：

$$S = C_f[1 - \gamma_2 \log(\zeta N_f T)] - 0.434 C_f[\beta(1-R)]\ln N_f \quad (4\text{-}8)$$

其中，$\gamma_2 = 0.0247$，ζ 代表无维数参数，当采用正弦波时该参数取值为 0.15，参数 C_f 体现频率相关性。结合公式（4-7）和公式（4-8），可以得到如下公式：

$$\frac{K+1}{s} = 0.434 C_f(\beta(1-R)) \quad (4\text{-}9)$$

$$C_f[1 - \gamma_2 \log(\zeta N_f T)] = \frac{1}{s}\ln\frac{D_{cr}(K+1)}{k_1} \quad (4\text{-}10)$$

也就是说：

$$K + 1 = 0.434 s\, C_f(\beta(1-R)) \quad (4\text{-}11)$$

$$D_{cr}\exp\{-s C_f[1 - \gamma_2 \log(\zeta N_f T)]\} = \frac{k_1}{K+1} \quad (4\text{-}12)$$

将公式（4-11）和公式（4-12）代入公式（4-5）中，可以得到如下形式：

$$D = D_{cr}\exp\left[s\left(\frac{\Delta f}{f_t} - u\right)\right]N^v \quad (4\text{-}13)$$

$$u = C_f[1 - \gamma_2 \log(\zeta N_f T)] \quad (4\text{-}14)$$

$$v = 0.434 s C_f[\beta(1-R)] \quad (4\text{-}15)$$

根据 Phillips 等人的研究，C_f 可以采用如下形式进行表示：

$$C_f = ab^{-\log f} + c \quad (4\text{-}16)$$

其中，f 代表加载频率，在轴拉试验中 a,b,c 分别取值为 0.283,0.941 以及 0.715。当计算剩余强度表示的损伤时，s 取值为 376.86；当计算残余割线模量表示的损伤时，s 取值为 44.08。在计算过程中，损伤可以通过剩余强度与残余割线模量进行计算，计算形式分别如公式（4-17）以及公式（4-18）所示：

$$D = 1 - \frac{f_{re}}{f_t} \quad (4\text{-}17)$$

$$D = 1 - \frac{E_{se}}{E_0} \quad (4\text{-}18)$$

其中，f_{re} 代表橡胶混凝土的剩余强度，E_{se} 代表橡胶混凝土的割线模量，E_0 代表橡胶混凝土的初始模量。根据剩余强度以及残余割线模量计算的损伤，损伤临界值 D_{cr} 分别采用 0.35 和 0.4 两种情况。

图 4-10 展示了根据剩余强度和残余割线模量计算的损伤演化曲线,以及与试验数据之间的比较。从图中可以看出,试验得到的不同状态的混凝土损伤值与试验曲线基本相符,因此本模型可适用于橡胶混凝土轴拉损伤演化程度的预测。

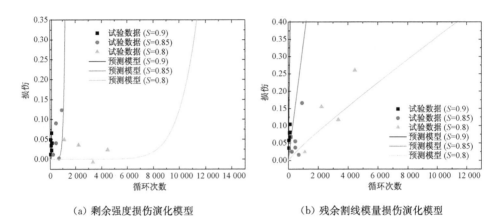

(a) 剩余强度损伤演化模型　　　　　　(b) 残余割线模量损伤演化模型

图 4-10　剩余强度损伤演化和残余割线模量损伤演化模型

4.3　弯拉往复荷载下橡胶混凝土疲劳力学特性

4.3.1　试验方案

4.3.1.1　试件准备

本节选用 0% 和 10% 两种橡胶体积替代率的混凝土试件进行橡胶混凝土弯拉往复荷载下疲劳力学特性研究,试件配合比见表 4-4 所示。

表 4-4　配合比设计　　　　　　　　　　单位:kg/m³

	水泥	粉煤灰	硅灰	水	减水剂	橡胶	砂	石子
RC0	385	139	26	200	7.5	0	1 018	800
RC10	385	139	26	200	7.5	41.5	916.2	800

试件尺寸均为 100 mm×100 mm×400 mm,所有试件浇筑 24 h 后脱模,并放在水箱中养护。为了避免棱柱体试件弯拉强度在自然环境中增强,所有试样都在水里养护至少 60 d,直到进行疲劳试验。不同配合比的混凝土试件数量均为 60 个。

4.3.1.2　加载方案

为了确定四点弯拉疲劳试验中的最大应力以及最小应力值,需对橡胶混凝土试件的准静态弯拉强度进行预测试。对于每个批次而言选取 4 个试样进行四点弯拉准静态试验,以获得平均静态弯拉强度(f_r)。四点弯拉准静态试验是基于 MTS810 试验机进行的,以 0.1 kN/s 的速率进行加载。试验前调整两支座之间的间距为 300 mm,两加载点之间的间距为 100 mm,如图 4-11 所示,具体的准静态单调加载试验结果可见表 4-5。

图 4-11　四点弯拉试验中混凝土试件放置方式

表 4-5　橡胶混凝土和普通混凝土单调加载强度

试件编号	1	2	3	4	平均强度
橡胶混凝土/MPa	3.94	4.18	4.36	4.29	4.19
普通混凝土/MPa	4.60	4.18	4.34	4.42	4.38

为了研究不同加载工况下(应力水平、加载频率以及应力率)橡胶混凝土和普通混凝土的弯拉疲劳力学性能,因此当准静态弯拉强度确定后,剩余的试样均用来进行疲劳性能的测定。此时所采用的试验装置与准静态弯拉相同,试件安置方式也与准静态弯拉测试时相同。为了控制疲劳模式为低周疲劳,当考虑应力水平 S($S = s_{max}/f_r$,s_{max} 代表疲劳加载中的最大应力,f_r 代表准静态弯拉强度)的影响时,设置为 0.95,0.90,0.85 三种应力水平,应力率 R($R = s_{min}/s_{max}$,s_{max} 代表疲劳加载中的最大应力,s_{min} 代表疲劳加载中的最小应力)取值为 0.30。为使得疲劳加载的时间过程更为合理化,加载频率设置为 4 Hz。当考虑加载频率的影响时,采用 4 Hz,1 Hz 和 0.25 Hz 三种工况,而应力水平和应力率分别控制为 0.90 和 0.30。当考虑应力率的影响时,应力率的选值为 0.50,0.30 和 0.10,而应力水平和加载频率则分别控制为 0.90 Hz 和 4 Hz。上述每种工况下疲劳试验均重复 8 次。试件加载破坏形式如图 4-12 所示。从图中可以看出,宏观裂缝贯穿位置均在试件纯弯段区域内,意味着变形的量测均真实有效。

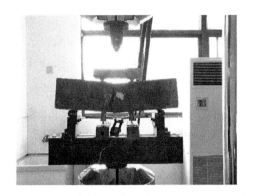

图 4-12　四点弯拉疲劳试验中橡胶混凝土试件加载破坏形式

4.3.2　疲劳变形特征

4.3.2.1　应变

混凝土材料的在最大及最小应力下对应的变形特征的变化情况是表征材料疲劳力学性能的重要指标。在疲劳试验中,最大及最小应力下的应变变化曲线呈 S 形,具有明显的三阶段特性。图 4-13 给出了典型的橡胶混凝土最大及最小应力下的应变变化曲线。第一阶段,由于微裂纹的出现应变快速增长,其时长占总的疲劳加载的 5%～10%左右。第二阶段,裂纹稳步发育,应变近似线性增长,此时该阶段时长所占总的疲劳加载的 70%～80%。第三阶段为破坏阶段,试件内部损伤累积达到一定程度,微裂纹聚合形成宏观裂缝,变形加剧直至破坏。

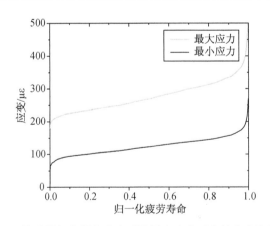

图 4-13　橡胶混凝土最大应力以及最小应力对应的应变变化规律

相关研究表明,应力水平越高时,第一阶段应变值相对增长越小。此外,最大应力下的应变发展与归一化疲劳寿命 N/N_f 的相对大小有关,不受加载频率的影响。同时刚度变化特征也呈现类似的规律。为了进一步研究应力水平、加载频率以及应力率三者在材料变形特征上的具体影响,图 4-14 和图 4-15 分别展示了不同加载工况下橡胶混凝土和普通混凝土的最大应变差以及最小应变差的平均增长情况。这里最大应变差定义为最大应力下疲劳破坏时的应变与首圈应变的差值;类似的,最小应变差定义为最小应力下疲劳破坏时对应的应变与首圈应变的差值。从图中可以发现得到,随着应力水平的增长,最大应变差和最小应变差的值均降低。同时,随着加载频率和应力率的增加,最大应变差和最小应变差也随之增大。从整体上进行观察,发现对于上述加载工况而言,尽管三种加载工况对应变差值变化的影响程度各不相同,两种应变差的大小均随着疲劳寿命的增大而增大。

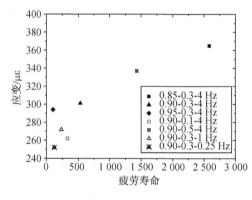

（a）橡胶混凝土最大应力对应的应变差

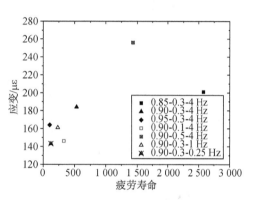

（b）橡胶混凝土最小应力对应的应变差

图 4-14　橡胶混凝土最大和最小应力对应的应变差

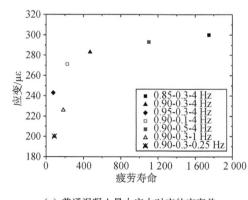

（a）普通混凝土最大应力对应的应变差

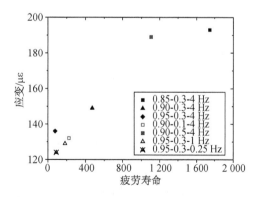

（b）普通混凝土最小应力对应的应变差

图 4-15　普通混凝土最大和最小应力对应的应变差

由于混凝土材料在临近疲劳加载破坏时的变形增长十分显著,因此此处对各种工况下橡胶混凝土和普通混凝土疲劳试验的破坏应变和临近破坏时末次循环最大应力对应的应变的平均值进行了分析,如图 4-16 和图 4-17 所示。分析表明,这两个变形特征受疲劳加载工况的影响远小于其他力学特征。对不同应力水平、加载频率和应力率条件下的数据进行分析,破坏应变和末次循环最大应力对应应变的变化均小于 5%。因此,采用上述两种应变指标来评估混凝土的疲劳破坏具有一定的合理性。

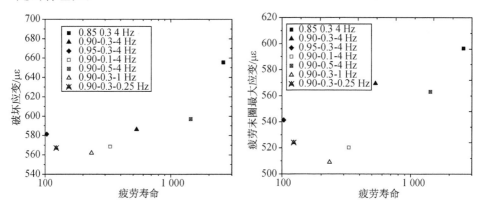

（a）橡胶混凝土破坏时应变　　　　　（b）橡胶混凝土末次循环最大应力对应的应变

图 4-16　橡胶混凝土破坏应变和末次循环最大应力对应的应变

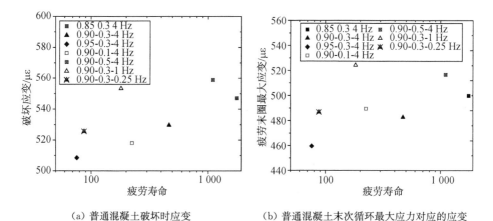

（a）普通混凝土破坏时应变　　　　　（b）普通混凝土末次循环最大应力对应的应变

图 4-17　普通混凝土破坏应变和末次循环最大应力对应的应变

4.3.2.2　割线模量

混凝土的模量是其变形能力和刚度特征的重要评估标准之一。通常来说,混凝土的模量可以区分为弹性模量、割线模量以及切线模量这三种形式。本节对橡胶混凝土和普通混凝土两种材料的割线模量进行了研究,割线模量的计算形式如下所示:

$$E_s = \frac{\sigma_{max} - \sigma_{min}}{\varepsilon_{un} - \varepsilon_{re}} \qquad (4-19)$$

其中,σ_{max}对应单次循环加载中的最大应力,σ_{min}为单次循环加载中的最小应力,ε_{un}为单次循环中σ_{max}对应的应变,ε_{re}为单次循环中ε_{min}对应的应变。图4-18展示了典型的橡胶混凝土割线模量衰减曲线,可以看出其规律与应变变化类似,随着疲劳试验的进行,试件割线模量的改变也具有明显的三阶段特性。但是由于在不同加载应力水平下,割线模量的值与σ_{max}和σ_{min}的取值相关,因此此处仅对割线模量的变化进行定性的分析,而不做定量的对比观察。

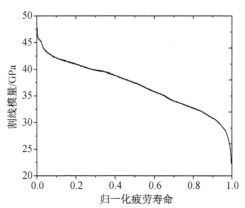

图4-18 典型的橡胶混凝土割线模量衰减曲线

4.3.3 疲劳寿命影响因素

本次试验将每个试件在疲劳荷载作用下从开始到失效的循环次数记为疲劳寿命N_f。混凝土的疲劳试验结果通常具有离散性,因此本节研究不仅对每种工况下疲劳试验结果的平均值进行了分析,同时也分析了个体试验结果的值。此外,本节研究还运用统计学方法对试验结果进行了离散性评价。

4.3.3.1 应力水平影响

图4-19描述了控制加载频率和应力率不变,而改变不同应力水平作为变量时的两种混凝土的疲劳寿命分布情况。为了更直观地观察不同应力水平工况下橡胶混凝土疲劳寿命的变化情况,将试验测得的疲劳寿命平均值于图4-19中用直线进行连接。由此观察得出,对于相同配比的试件,随着应力水平逐渐增大,橡胶混凝土试件的疲劳寿命随之降低。此外,从图中容易发现,橡胶混凝土和普通混凝土试件的平均疲劳寿命在较高应力水平时十分接近(分别为103和76),但随着应力水平的降低,橡胶混凝土的平均疲劳寿命大于普通混凝土,具体体现在:当应力水平为0.90时,两者疲劳寿命分别为532和471;当应力水平为0.85时,两者疲劳寿命

分别为 2 581 和 1 757。由此可见,橡胶的掺入对混凝土的疲劳性能具有明显的优化作用,即在相同的应力水平作用下橡胶混凝土的抗疲劳能力更优。

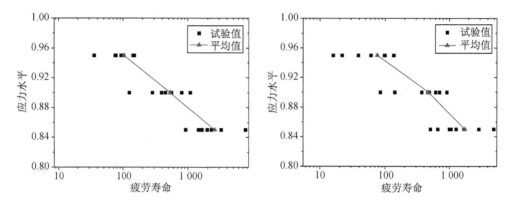

(a) 橡胶混凝土在不同应力水平工况下的疲劳寿命分布 (b) 普通混凝土在不同应力水平工况下的疲劳寿命分布

图 4-19　两种混凝土疲劳寿命分布

4.3.3.2　加载频率的影响

图 4-20 展示了相同应力水平、应力率以及不同加载频率下橡胶混凝土和普通混凝土的疲劳寿命分布情况。与此类似,为了更为直观地对疲劳寿命的变化情况进行观测,本节研究在图 4-20 中将不同加载频率下混凝土的平均疲劳寿命通过直线连接起来。如图,两种配合比的混凝土试件在不同加载频率下的变化规律具有明显的一致性,具体体现在当加载频率增加时,材料所能承受的疲劳次数也随之增大,该试验结果可由混凝土材料的率效应来进行阐释。通过对比发现,当加载频率发生改变时,虽然总体来说橡胶混凝土的疲劳特性依然略优,但两种材料之间的疲

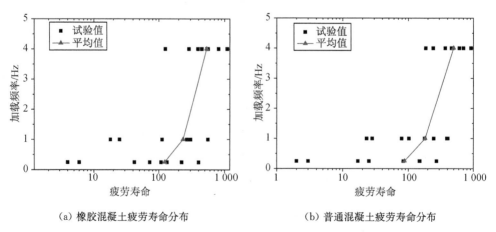

(a) 橡胶混凝土疲劳寿命分布　　　　　(b) 普通混凝土疲劳寿命分布

图 4-20　在相同应力水平、应力率和不同加载频率下两种混凝土的疲劳寿命分布

劳寿命变化差值不明显,其原因是 0.90 的应力水平相对较大,导致疲劳寿命普遍较小,差异性不易观察。

4.3.3.3 应力率的影响

为了研究应力率对橡胶混凝土和普通混凝土疲劳特性的影响,这里控制应力水平和加载频率不变,选取 0.10、0.30 以及 0.50 三种应力率对两种配比的混凝土试件的疲劳力学性能进行研究。图 4-21 展示了不同应力率下上述两种材料的疲劳试验结果。如图所示,控制应力率一致时,橡胶混凝土总体上比普通混凝土具有更高的疲劳寿命,因此具有更好的疲劳力学性能。同时,两种混凝土在不同应力率下的疲劳次数变化趋势一致,随着应力率的增大,混凝土承受的疲劳次数明显增加。

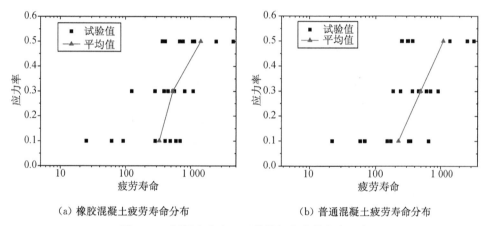

(a) 橡胶混凝土疲劳寿命分布　　　　(b) 普通混凝土疲劳寿命分布

图 4-21　不同应力率下两种混凝土疲劳寿命公布

4.3.4　疲劳寿命预测模型

4.3.4.1　Weibull 模型

在早期疲劳力学研究中,学者发现材料的疲劳寿命存在离散性。即使控制加载方式不变,得到数据的离散性依然不可避免,这意味着有必要使用统计理论对该现象进行分析。Weibull 首先从这个方向展开研究,并建立了以自己名字命名的概率分布函数。

由于疲劳试验中材料的疲劳力学性能会出现一定的随机性趋势,因此诸如正态分布函数和 Weibull 分布函数这种概率模型可被用于疲劳数据的统计分析。Weibull 分布密度函数考虑了材料的最小安全寿命,因此在材料初始强度不满足正态分布的时候可以用来表征失效寿命。Weibull 分布函数提供的安全寿命或最小安全寿命是非常接近现实的,可靠性高达 99.9%～100%。因此,Weibull 分布函数常被用来描述疲劳寿命的特征,并因其实用性和有效性目前已在材料力学性能的分析中受到了广泛的好评。

本次研究中，Weibull 函数被用来描述橡胶混凝土以及普通混凝土的疲劳寿命情况。在同一工况下，试件的疲劳寿命分布可用 Weibull 概率密度函数 $f(N)$ 表示：

$$f(N) = \frac{\beta}{N_a - N_0}\left[\frac{N - N_0}{N_a - N_0}\right]\exp\left\{-\left[\frac{N - N_0}{N_a - N_0}\right]^{\beta}\right\}(N_0 \leqslant N \leqslant \infty)$$

(4-20)

其中，N_0 代表最小安全寿命，N_a 代表特征寿命参数，β 代表 Weibull 形状参数，N 代表 Weibull 变量。由式(4-20)可得关于变量 N_p 的分布函数 $F(N_p)$：

$$F(N_p) = P(N < N_p) = 1 - \exp\left\{-\left[\frac{N_p - N_0}{N_a - N_0}\right]^{\beta}\right\}$$

(4-21)

假定 $P(N<N_p)$ 为失效概率 P'，那么安全概率为：

$$P(N > N_p) = 1 - P(N < N_p) = \exp\left\{-\left[\frac{N_p - N_0}{N_a - N_0}\right]^{\beta}\right\}$$

(4-22)

如果在某一安全概率 P 下的参数 N_0、N_a 和 β 都已知，那么 N_p 的值也可以计算得到，此时定义 N_p 为安全概率 P 下的疲劳寿命。

考虑到混凝土强度存在离散性，这里将两种材料的 N_0 都取值为 0。因此，式(4-20)可简化为双参数 Weibull 函数：

$$f(N) = \frac{\beta}{N_a}\left[\frac{N}{N_a}\right]\exp\left\{-\left[\frac{N}{N_a}\right]^{\beta}\right\} (0 \leqslant N < \infty)$$

(4-23)

此时的安全概率 P 为：

$$P = \exp\left\{-\left[\frac{N_p}{N_a}\right]^{\beta}\right\}$$

(4-24)

失效概率 P' 为：

$$P' = 1 - \exp\left\{-\left[\frac{N_p}{N_a}\right]^{\beta}\right\}$$

(4-25)

假设 $Y = \ln\left[\ln\left(\frac{1}{P}\right)\right] = \ln\left[\ln\left(\frac{1}{1-P'}\right)\right]$，$X = \ln N_p$，$a = \beta\ln N_a$，则式(4-24)可以表示为：

$$Y = bX - a$$

(4-26)

上面的线性函数即为疲劳寿命计算公式，可用于检测试验结果是否可用双参数 Weibull 函数进行描述。对试验结果进行线性回归分析，如果 Y 和 X 两者间表现出较优的线性相关性,则说明疲劳寿命与双参数 Weibull 模型非常吻合。在计算过程中,安全概率 P 与试件序号 i 两者的关系可用下式表示:

$$P = 1 - \frac{i}{K+1} \tag{4-27}$$

其中,K 为相同测量工况下的试件总量,i 为将试件疲劳寿命按递增归纳时的试件序号。

4.3.4.2　疲劳寿命计算

根据 Weibull 分布理论,将计算得到的两种混凝土在 4 Hz 加载频率以及 0.95,0.90 和 0.85 应力水平下的疲劳寿命列于表 4-6 和表 4-7 中,并将 $\ln(N_i)$ 作为横轴,$\ln[\ln(1/P)]$ 作为纵轴,通过线性拟合得到不同应力水平下的回归系数 a 和 b。

表 4-6　不同应力水平下橡胶混凝土疲劳寿命计算(4 Hz)

应力水平	试件编号	疲劳寿命 N_i	$\ln N_i$	$P = 1 - \dfrac{i}{K+1}$	$\ln\left[\ln\left(\dfrac{1}{P}\right)\right]$
0.95	1	36	3.583 519	0.888 889	−2.138 91
	2	75	4.317 488	0.777 778	−1.38 105
	3	77	4.343 805	0.666 667	−0.902 72
	4	93	4.532 599	0.555 556	−0.531 39
	5	102	4.624 973	0.444 444	−0.209 57
	6	145	4.976 734	0.333 333	0.094 048
	7	147	4.990 433	0.222 222	0.408 18
	8	151	5.017 28	0.111 111	0.787 195
0.90	1	126	4.836 282	0.888 889	−2.138 91
	2	284	5.648 974	0.777 778	−1.381 05
	3	391	5.968 708	0.666 667	−0.902 72
	4	450	6.109 248	0.555 556	−0.531 39
	5	538	6.287 859	0.444 444	−0.209 57
	6	562	6.331 502	0.333 333	0.094 048
	7	812	6.699 5	0.222 222	0.408 18
	8	1 097	7.000 334	0.111 111	0.787 195

应力水平	试件编号	疲劳寿命 N_i	$\ln N_i$	$P=1-\dfrac{i}{K+1}$	$\ln\left[\ln\left(\dfrac{1}{P}\right)\right]$
0.85	1	933	6.838 405	0.888 889	−2.138 91
	2	1 447	7.277 248	0.777 778	−1.38 105
	3	1 524	7.329 094	0.666 667	−0.90 272
	4	1 636	7.400 01	0.555 556	−0.531 39
	5	1 970	7.585 789	0.444 444	−0.209 57
	6	2 293	7.737 616	0.333 333	0.094 048
	7	3 249	8.086 103	0.222 222	0.408 18
	8	7 602	8.936 167	0.111 111	0.787 195

表 4-7 不同应力水平下普通混凝土疲劳寿命计算(4 Hz)

应力水平	试件编号	疲劳寿命 N_i	$\ln N_i$	$P=1-\dfrac{i}{K+1}$	$\ln\left[\ln\left(\dfrac{1}{P}\right)\right]$
0.95	1	16	2.772 589	0.888 889	−2.138 91
	2	22	3.091 042	0.777 778	−1.381 05
	3	39	3.663 562	0.666 667	−0.902 72
	4	61	4.110 874	0.555 556	−0.531 39
	5	98	4.584 967	0.444 444	−0.209 57
	6	100	4.605 17	0.333 333	0.094 048
	7	136	4.9126 55	0.222 222	0.408 18
	8	137	4.919 981	0.111 111	0.787 195
0.90	1	85	4.442 651	0.888 889	−2.138 91
	2	142	4.955 827	0.777 778	−1.381 05
	3	369	5.910 797	0.666 667	−0.902 72
	4	459	6.129 05	0.555 556	−0.531 39
	5	484	6.182 085	0.444 444	−0.209 57
	6	608	6.410 175	0.333 333	0.094 048
	7	703	6.555 357	0.222 222	0.408 18
	8	918	6.822 197	0.111 111	0.787 195

应力水平	试件编号	疲劳寿命 N_i	$\ln N_i$	$P = 1 - \dfrac{i}{K+1}$	$\ln\left[\ln\left(\dfrac{1}{P}\right)\right]$
0.85	1	504	6.222 576	0.888 889	−2.138 91
	2	659	6.490 724	0.777 778	−1.381 05
	3	1 002	6.909 753	0.666 667	−0.902 72
	4	1 066	6.971 669	0.555 556	−0.531 39
	5	1 280	7.154 615	0.444 444	−0.209 57
	6	1695	7.435 438	0.333 333	0.094 048
	7	2 906	7.974 533	0.222 222	0.408 18
	8	4 944	8.505 93	0.111 111	0.787195

实际上,由于混凝土存在着离散性,为了满足不同可靠度的要求,有必要建立不同可靠度下的 $S-N$ 曲线。因此这里根据公式(4-26)将 4 Hz 加载频率时不同应力水平以及不同可靠度下两类混凝土的疲劳寿命置于表 4-8 中。通过计算不同可靠度下的疲劳寿命值,可以建立混凝土疲劳方程,进而求解混凝土的疲劳强度。

表 4-8 拟合系数

应力水平	试件种类	b	a	R
0.95	橡胶混凝土	1.931	9.267	0.918
	普通混凝土	1.143	5.151	0.950
0.90	橡胶混凝土	1.435	9.256	0.964
	普通混凝土	1.147	7.284	0.933
0.85	橡胶混凝土	1.377	11.013	0.786
	普通混凝土	1.228	9.339	0.898

4.3.4.3 不可靠度下的疲劳寿命

将疲劳理论运用到工程中时,需将实用性作为继安全性之后的首要考虑因素,此时需要考虑的 $S-N$ 曲线主要有两种。第一种为失效概率 $P'=0.5$ 时的 $S-N$ 曲线。通过该曲线可以计算得到在此概率条件下 $N=2\times10^6$ 时的疲劳极限强度,揭示了混凝土结构的极限载荷能力,为其初步设计提供了参考依据。第二种是失效概率 $P'=0.05$ 时的 $S-N$ 曲线,通过该曲线也可以得到在此概率条件下 $N=2\times10^6$ 时的疲劳极限强度,该值可靠性较高,为混凝土结构的安全性设计提供了保障。图 4-22 展示了可靠度为 50% 时两种混凝土的 $S-N$ 曲线。

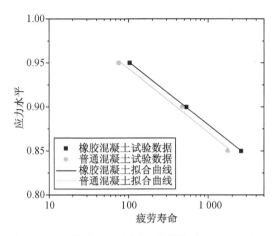

图 4-22　可靠度为 50% 时两类混凝土的 S-N 曲线

4.3.4.4　考虑可靠度因素的双对数疲劳方程

在工程实际中,根据材料的不同,某一可靠度下的 S-N 疲劳曲线公式通常以单对数或双对数的形式呈现。当运用单对数方程计算特定材料疲劳特性的精度不足时,通常采用双对数疲劳形式对数据进行计算。采用双对数方程时,疲劳寿命 N 和应力水平 S 两者间的关系可用下式表示:

$$\lg S = a_{P'} + b_{P'} \lg N \tag{4-28}$$

通过上式,可获得不同失效概率 P' 下的 $\lg S$ 和 $\lg N$ 之间的双对数方程的系数。为了方便直接计算,本节研究将表 4-9 中橡胶混凝土和普通混凝土在 4 Hz 加载频率以及不同应力水平下的计算结果进行拟合,并将拟合结果列于表 4-10 中。

表 4-9　不同应力水平及可靠度下橡胶混凝土以及普通混凝土的疲劳寿命(4 Hz)

试件种类	应力水平	可靠度					
		0.95	0.90	0.80	0.70	0.60	0.50
橡胶混凝土	0.95	26	38	56	71	86	100
	0.90	80	132	220	308	395	489
	0.85	345	582	1 003	1 410	1 831	2 286
普通混凝土	0.95	7	13	24	37	50	66
	0.90	43	81	155	233	319	416
	0.85	178	321	591	865	1 159	1 486

表 4-10　拟合过程及结果

试件种类	失效概率 P'	$a_{P'}$	$b_{P'}$	R
橡胶混凝土	0.05	0.037 5	−0.042 9	0.992
	0.10	0.041 5	−0.040 7	0.998
	0.20	0.044 9	−0.038 5	0.999 6
	0.30	0.046 7	−0.037 2	0.999 94
	0.40	0.048 3	−0.036 4	0.999 6
	0.50	0.049 1	−0.035 5	0.999
不掺橡胶混凝土	0.05	0.007 7	−0.034 2	0.985
	0.10	0.017 2	−0.034 4	0.981
	0.20	0.026 4	−0.034 4	0.976
	0.30	0.033 8	−0.034 9	0.975
	0.40	0.038 5	−0.035 0	0.972
	0.50	0.043 3	−0.035 3	0.971

根据表 4-10,采用双对数疲劳方程对试验结果进行拟合得到的相关系数 R 均超过 0.9,这说明表中两种混凝土材料都可以采用这种线性关系进行描述。在工程实际中,一旦失效概率 P' 得到了确定,即可根据表中数据计算得到疲劳寿命。

为了方便观察和使用,这里将实用性最大的两种失效概率 P' 情况下的 S-N 方程进行了提取。

当失效概率 $P'=0.05$ 时:

橡胶混凝土:

$$\lg S = 0.037\ 5 - 0.042\ 9 \lg N \tag{4-29}$$

普通混凝土:

$$\lg S = 0.007\ 7 - 0.034\ 2 \lg N \tag{4-30}$$

当失效概率 $P'=0.50$ 时:

橡胶混凝土:

$$\lg S = 0.049\ 1 - 0.035\ 5 \lg N \tag{4-31}$$

普通混凝土:

$$\lg S = 0.043\ 3 - 0.035\ 3 \lg N \tag{4-32}$$

将上述失效概率 P' 为 0.05 和 0.50 的橡胶混凝土和普通混凝土的疲劳数据绘

制成曲线,可见图 4-23。需注明的是,为了控制疲劳模式为低周疲劳,本次试验采用的应力水平仅 0.95,0.90,0.85 三种情况,得到的拟合参数可能会存在一定误差,为得到更加精确的参数值,今后仍需进行大量相关类型的试验。

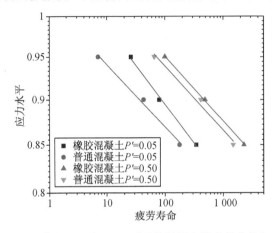

图 4-23　P' 为 0.05 和 0.50 时两种混凝土的疲劳曲线(4 Hz)

4.4　疲劳荷载下橡胶混凝土孔结构变化规律

4.4.1　试验方案

4.4.1.1　加载方案

试验选取的试件与 4.3 节相同。由于试验在压汞试验前需首先进行低周疲劳试验,为了确保试件强度增长忽略不计,在 24 h 后拆模并将其放置于水槽中养护 75 d,随之取出干燥后方能进行力学加载。据测量,该橡胶混凝土试件 28 d 立方体抗压强度为 31.46 MPa。

试验采用 MTS810 装置对橡胶混凝土进行四点弯拉准静态试验和四点弯拉疲劳试验。在四点弯拉准静态试验中,共选取 3 个试件进行试验,增荷速率为 0.1 kN/s,得到的 75 d 平均准静态弯拉强度为 3.58 MPa。在四点弯拉疲劳加载试验中,荷载施加方式选用常幅正弦波,频率为 5 Hz,应力水平 S 分别取 0.70, 0.80,0.90 三种情况。

为了研究疲劳损伤对橡胶混凝土孔隙特征的影响,四点弯拉疲劳加载试验可以分为完全疲劳试验和非完全疲劳试验。完全疲劳试验与 4.3 节相同,即当试件受循环加载直至发生破坏时停止,每种应力水平加载 2 个,统计其疲劳寿命 N_f。非完全疲劳试验是本节研究疲劳损伤的主要方法。为了更好地对损伤演化情况进行对比,首先需对不同疲劳程度后的损伤变量进行定义和归一化:

$$D' = \frac{E_0 - E}{E_0 - E_f} \tag{4-33}$$

其中,D' 为归一化损伤,E_0 为首次循环时的割线模量,需注明的是这里的割线模量是通过单个循环中的最大应力点与最小应力点之间的斜率进行计算的;E 为任意循环次数时的割线模量;E_f 对应破坏时最末一个循环中的割线模量。

当橡胶混凝土试件进行非完全加载时,其 E_f 无法直接测量,因此需要采用完全疲劳破坏工况下的 E_f' 进行模量的控制。由于橡胶混凝土存在着离散性,为了减小试件之间离散性的影响,此处假设在同一应力水平下橡胶混凝土试件破坏时弹摸损失的比例相等,即:

$$\frac{E_f}{E_0} = \frac{E_f'}{E_0'} \tag{4-34}$$

其中,E_0' 代表完全疲劳工况下控制用试件的首次循环时的割线模量,E_f' 代表完全疲劳工况下控制用试件破坏时最末一个循环中的割线模量。将式(4-33)和式(4-34)合并,可得式(4-35):

$$D' = \frac{E_0 - E}{E_0 - E_f' E_0/E_0'} \tag{4-35}$$

根据4.3节试验结果可知,橡胶混凝土在四点弯拉疲劳加载过程中呈现三阶段变化规律,在非完全疲劳试验中,则需控制试件加载到不同阶段来判断其疲劳损伤状态。由于在疲劳试验中试件的模量难以直接计算得到,因此为获得第二阶段和第三阶段损伤状态的试件,每当加载一定次数时需停止加载装置从而进行损伤的计算,直至达到损伤的范围要求。具体步骤和测量成果可见表4-11。

表 4-11　非完全疲劳试验加载步骤

编号	应力水平	目标阶段	初始循环次数	递增次数	最终次数
N0	—	—	—	—	—
N71	0.70	Ⅱ	10 000	5 000	50 000
N72	0.70	Ⅲ	17 000	500	17 500
N73	0.70	加载破坏	—	—	84 965
N81	0.80	Ⅱ	3 000	100	6 400
N82	0.80	加载破坏	—	—	4 281
N91	0.90	Ⅱ	100	10	150
N92	0.90	加载破坏	—	—	318

4.4.1.2 压汞法

本次试验对表 4-2 中不同应力水平以及不同损伤条件下的试件纯弯段受拉边缘浆体进行取样,每个加载试件取 6 个压汞试样,其尺寸大小可见图 4-24。

图 4-24 压汞试样尺寸大小

试验采用 Quantachrome Autoscan 60 压汞仪,最大压入压力为 415 MPa。根据毛细下降的控制方程(Washburn 方程),圆柱体孔隙的直径 d 可以通过压力 P 计算得到:

$$d = \frac{\gamma \cos\theta}{P} \qquad (4-36)$$

其中,γ 为表面张力,在本文中等于 0.480 N/m,θ 为某种特定材料的常数,这里假设 θ 等于 141.3°。一般来说,这种方法对小孔隙测量的可靠性要高于对大孔隙的测量。除特殊说明外,所有的 MIP 试验都在自动扫描泵上进行,每次试验持续约 25 min。

可以用来量化孔结构的参数有多种,主要有:总孔隙率 p,平均分布直径 d_m,临界孔径 d_{cr},小孔(细观孔)分形维数 F_s,大孔(毛细孔)分形维数 F_l,累积孔体积达到 90% 时对应的孔径 $d_{0.9}$ 和最可几孔径 d_p。这 7 个参数可以较为全面地提供有关混凝土微观性能的必要信息,其定义分别如下:

(1)总孔隙率 p

混凝土材料总孔隙率 p 的定义如下:

$$p = \frac{V_p}{V} \qquad (4-37)$$

式中:V_p 代表孔隙总体积,V 代表孔隙和固体的总体积。p 的值可以根据累计压入体积和相应的质量进行估算。

(2)平均分布直径 d_m

混凝土材料孔隙平均分布直径 d_m 定义为:

$$\ln d_{\mathrm{m}} = \frac{\sum\limits_{i=1}^{n} V_i \ln d_i}{\sum\limits_{i=1}^{n} V_i} \qquad (4\text{-}38)$$

其中,连续的压入曲线被分成 n 个离散的直径范围单元 d_i,V_i 为第 i 个直径范围单元对应的压入水银的体积增量。对于平均分布直径 d_{m} 的研究,Zhang 在其论文中对该参数与疲劳循环次数之间的关系进行了探讨。

(3)临界孔径 d_{cr}

该参数定义为孔体积开始大幅累积时所对应的孔径,如图 4-25 所示。微观层面,d_{cr} 反映了孔隙间通道的最小直径,由此可对孔隙通道进行定量描述。

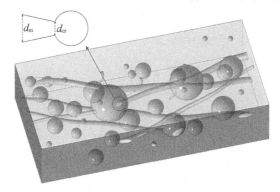

图 4-25　微观孔径示意图

(4)分形维数

分形假设是关于复杂非线性系统较为针对性的一种研究方法。传统的研究方法是通过某种假设或者抽象将复杂研究对象简化为理想模型,但是任何一种简化都会带来研究结果与实际情况之间较大的误差。而分形假设直观地将未简化的初始复杂非线性系统作为研究对象,探寻内在规律。分形理论有两个基本数学参数,分别是测度和维数,测度测定集合的大小,分形维数则描述了系统的异构性和复杂性。

为了对分形维数进行计算,已有不少学者基于 MIP 提出了相关的数学模型。本节基于 Ji 等人提出的数学模型,利用图像法得到 MIP 试验下的分形维数。该数学计算中的几何模型采用 Menger 海绵,即取边长为 R 的小立方体作为初始元,将其分为 m^3 个小立方体,之后随机将 n 个小立方体用固相填充,剩下 m^3-n 个小立方体,随后再将小立方体分割,无尽地重复这一过程。小立方体尺寸越来越小,数量却不断增加,这类似于混凝土材料中孔结构的演变,不断产生了分形结构。经过 k 次操作后,小立方体的尺寸为:

$$r = \frac{R}{m^k} \tag{4-39}$$

$$k = \frac{\log(R/r)}{\log m} \tag{4-40}$$

此时剩余的小立方体数目为：

$$N_k = (m^3 - n)^k = (r_k/R)^{-\log(m^3-n)/\log m} \tag{4-41}$$

将孔体积分形维数定义为 F：

$$F = \frac{\log(m^3 - n)}{\log m} \tag{4-42}$$

将相对剩余体积 V_k 对应为压汞试验中由小到大反向次序计算的注入汞的体积，由此可以构建该参数与分形维数之间的关系：

$$V_k = \left(\frac{r}{R}\right)^{3-F} \tag{4-43}$$

即

$$\log V_k \propto (3 - F)\log r \tag{4-44}$$

因此，分形维数可以通过 $\log V_k$ - $\log r$ 曲线的斜率求得。孔结构由于形成原因多样，具有多重分形的特征，其在曲线图上表现为两段直线的形式，并大概以 50 nm 为分界点。为此可以将孔分为两大组：细观孔（＜50 nm）和毛细孔（≥ 50 nm）。

（5）累积孔体积达到 90% 时对应的孔径 $d_{0.9}$

混凝土材料的真实最小孔径 $d_{0.9}$ 为累积孔体积达到 90% 时对应的孔径。随着注入压力的上升，汞可以进入更小的孔径内。由于 Deo 和 Neithalath 提到孔隙和裂缝的相互作用不可忽略，因此微观孔隙尖端的曲率也是分析过程中的重要参数。Chen 等人假定压汞的前端呈现为球形，预计微观孔的填充压应力可以采用该参数进行计算。

（6）最可几孔径 d_p

混凝土材料的最可几孔径 d_p 取值为孔径分布图像上峰值点所对应的孔直径。在该孔径处，孔体积分布率最大，且具有该孔径的孔在微观孔结构中所占比例也是最大的。

4.4.2　损伤计算

4.4.2.1　完全疲劳试验

根据完全疲劳试验结果，可以得到橡胶混凝土循环比与损伤之间的关系，同时计算模型可以采用如下形式进行表示：

$$D'(n) = 1 - [1 - (n/N_f)^b]^a \qquad (4-45)$$

其中，n 代表疲劳循环次数，N_f 代表橡胶混凝土的疲劳寿命，a 和 b 代表形状参数，其值受到应力水平大小的影响。通过计算，将拟合数据以及拟合图像分别置于表 4-12 和图 4-26 中。观察图 4-26 可以发现，当应力水平的取值增长时，在同一循环比（横坐标）处的损伤相对较大。

表 4-12　参数 a 和 b 的拟合值

应力水平	试件编号	疲劳寿命	参数 a	参数 b	R^2
0.70	A	30 365	0.190	0.857	0.956
	B	4 944			
0.80	C	5 201	0.227	0.295	0.990
	D	6 258			
0.90	E	411	0.495	0.484	0.996
	F	1 688			

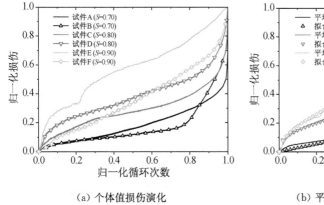

（a）个体值损伤演化

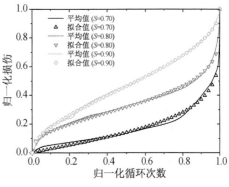

（b）平均值及拟合值损伤演化

图 4-26　损伤演化

4.4.2.2　非完全疲劳试验

当进行非完全疲劳试验时，由于未将试件加载至破坏，因此试件的真实疲劳寿命难以被测量。本节根据公式（4-13）中的损伤演化公式，计算得到了非完全疲劳试验的橡胶混凝土试件的循环比（n/N_f），并将计算结果与计算得到的停止加载时的归一化损伤 D' 列于表 4-13 中。

表 4-13 归一化损伤以及循环比

试件编号	归一化损伤 D'	循环比 n/N_f
N0	0	0.00
N71	0.177	0.60
N72	0.574	0.99
N73	1	1
N81	0.271	0.38
N82	1	1
N91	0.344	0.32
N92	1	1

4.4.3 微观结构

图 4-27 展示了不同应力水平及循环比作用后的橡胶混凝土孔径分布曲线。从图中可以看出,在相同的应力水平下,当疲劳损伤值增大时,橡胶混凝土孔径分布曲线总体上逐渐向孔体积增加的方向移动,意味着内部孔隙率不断增大。同时,根据图像进行推测,在此过程中混凝土的孔径结构也随之发生变化,具体体现为对混凝土力学性能影响较小的小孔逐步向有较大影响的大孔转化。根据不同孔结构参数的计算公式,将得到的不同加载工况后的橡胶混凝土孔结构参数置于表 4-14 中。根据表中数据可知,当疲劳损伤不断增大时,孔隙率 p,平均分布直径 d_m,累计孔体积达到 90% 时对应的孔径 $d_{0.9}$ 和最可几孔径 d_p 均随之增大。同时,毛细孔的分形维数随损伤的增加在总的趋势上略有降低,这意味着毛细孔的结构逐步由复杂趋于简单。

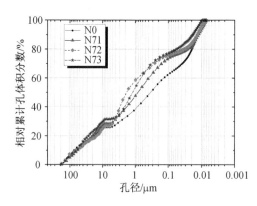

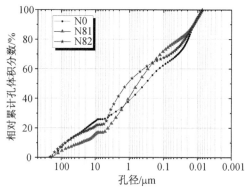

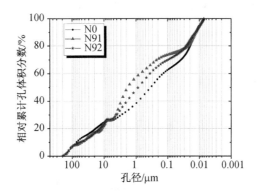

图 4-27 不同应力水平及循环比作用后的橡胶混凝土孔径分布曲线

表 4-14 孔结构参数

No.	D'	$p/\%$	$d_m/\mu m$	$d_{cr}/\mu m$	F_S	F_L	$d_{0.9}/\mu m$	$d_p/\mu m$
N0	0	17.98	4.335E-02	1.624E+02	1.308E+00	2.866E+00	1.284E-02	1.616E-02
N71	0.177	20.92	5.166E-02	9.325E-01	1.555E+00	2.813E+00	1.242E-02	7.939E-03
N72	0.574	20.58	5.915E-02	2.701E+00	1.311E+00	2.790E+00	1.338E-02	2.919E+00
N73	1	23.00	8.034E-02	1.262E+00	1.199E+00	2.786E+00	1.817E-02	1.419E+00
N81	0.271	20.26	5.464E-02	1.033E+00	1.450E+00	2.806E+00	1.309E-02	8.627E-03
N82	1	19.65	4.968E-02	2.187E+00	1.380E+00	2.839E+00	1.288E-02	3.807E+00
N91	0.344	21.27	5.192E-02	3.141E+00	1.496E+00	2.848E+00	1.254E-02	3.254E+00
N92	1	24.39	5.147E-02	1.818E+00	1.479E+00	2.827E+00	1.314E-02	9.031E+00

4.4.4 相关性分析

根据 1993 年 Park 对多孔陶瓷的研究分析以及 2016 年 Bu 和 Tian 对普通混凝土强度和孔隙结构参数所构建的回归方程,可推广得到本节中所采用的橡胶混凝土疲劳力学特性和孔径结构参数之间的关系。这里,采用 Pearson 公式来检验两者之间的线性关系形式:

$$r = \frac{N\sum x_i y_i - \sum x_i \sum y_i}{\sqrt{N\sum x_i^2 - \left(\sum x_i\right)^2}\sqrt{N\sum y_i^2 - \left(\sum y_i\right)^2}} \tag{4-46}$$

计算结果如表 4-15 所示。

表 4-15　Pearson 公式计算结果

	D	p	d_m	d_{cr}	F_S	F_L	$d_{0.9}$	d_p	$\lg(d_p)$
D	1.000	0.900	0.676	−0.542	−0.460	−0.543	0.696	0.468	0.524
p		1.000	0.477	−0.615	−0.228	−0.409	0.513	0.366	0.294
d_m			1.000	−0.496	−0.615	−0.779	0.923	−0.096	0.280
d_{cr}				1.000	−0.212	0.706	−0.220	−0.261	−0.326
F_S					1.000	0.330	−0.788	0.287	−0.040
F_L						1.000	−0.574	0.091	−0.108
$d_{0.9}$							1.000	−0.154	0.154
d_p								1.000	0.809
$\lg(d_p)$									1.000

注:其中,相关性系数绝对值在 0.8~1.0 之间的为极强相关,0.6~0.8 为强相关,0.4~0.6 为中等相关,
0.2~0.4 为弱相关,0~0.2 为极弱相关或无相关。

　　由相关性显示,孔隙率 p 和最可几孔径 $d_{0.9}$ 的变化受疲劳损伤影响较大,同时疲劳损伤与分形维数 F_S、F_L、平均分布直径 d_m、临界孔径 d_{cr} 和累积孔体积达到 90% 时对应的孔径 $d_{0.9}$ 存在联系。值得注意的是,大孔维数 F_L 和平均分布直径 d_m、大孔维数 F_L 和临界孔径 d_{cr}、平均分布直径 d_m 和累积孔体积达到 90% 时对应的孔径 $d_{0.9}$ 间存在强相互作用。

　　基于相关性检验方法,无须引入全部变量,即通过去除弱相关变量和无相关变量,可以建立疲劳力学参数和孔结构参数之间的关系。在分析过程中,剩余变量中存在平行变量,在平行变量的筛选中引入相关性系数(R^2),并进行 c^2(卡方)检验,可评价多元线性回归的精度。

　　疲劳损伤与孔隙结构参数之间的多元线性模型可通过如下形式进行描述:

$$D = \sum_i b_i X_i \tag{4-47}$$

其中,X_i 代表无量纲化后的孔结构变量;b_i 代表拟合系数。考虑到边界条件,所有的参数在拟合前需要进行无量纲处理,处理形式如下所示:

$$\begin{cases} X_1 = (p - p_0)/p_0 \\ X_2 = [\lg(d_p) - \lg(d_{p_0})]/\lg(d_{p_0}) \\ X_3 = (d_m - d_{m_0})/d_{m_0} \\ X_4 = (d_{cr} - d_{cr_0})/d_{cr_0} \\ X_5 = (F_L - F_{L_0})/F_{L_0} \end{cases} \tag{4-48}$$

多元线性拟合结果如表 4-16 所示。

表 4-16　多元线性拟合结果

No.	D	p	$\lg(d_\mathrm{p})$	d_m	F_L	R^2	c^2
1	•	•	•			0.625	2.024
2	•	•		•		0.788	0.240
3	•	•			•	0.712	0.250

考虑到敏感性问题，No.2 序号的拟合方式是最有效的，因此采用其拟合方式对疲劳损伤变量进行表征：

$$D = f(p, \lg(d_\mathrm{p}), d_\mathrm{m}) = 64\,695.79X_1 - 64\,696.20X_2 - 13.34X_3 \quad (4\text{-}49)$$

将公式(4-49)和公式(4-45)进行联立，得到如下最终形式：

$$N_\mathrm{f} = \frac{n}{\{1 - [1 - (64\,695.79X_1 - 64\,696.20X_2 - 13.34X_3)]^{1/a}\}^{1/b}}$$

$$(4\text{-}50)$$

其中，参数 a 和 b 是由材料属性和应力水平决定的。

4.5　本章小结

本章针对橡胶混凝土试件开展了低周轴拉疲劳和弯拉疲劳加载试验，探究了多影响因素对橡胶混凝土试件疲劳变形特征的影响，构建了橡胶混凝土疲劳寿命预测模型，并通过压汞法对不同疲劳工况下橡胶混凝土的孔径结构开展了进一步研究，主要得到以下结论：

（1）轴拉疲劳荷载下，橡胶混凝土应变增长呈现三阶段形式，其中第二阶段呈现明显的线性增长。基于试验结果发现，第二应变率与真实疲劳寿命之间存在显著的对数线性关系，构建了基于第二应变率的疲劳寿命预测模型。不同加载工况下，橡胶混凝土的平均疲劳寿命均高于普通混凝土，表明橡胶的掺入在一定程度上优化了混凝土的疲劳特性。

（2）在四点弯拉加载下，混凝土疲劳寿命随应力水平的增大、加载频率的降低和应力率的降低而降低。橡胶混凝土的应变和割线模量衰减均呈现三阶段变化形式。当应力水平增长时，最大应变差和最小应变差的值均降低。而当加载频率和应力率增大时，最大应变差与最小应变差则随之增大。基于试验结果发现双参数 Weibull 分布函数可以很好地对橡胶混凝土和普通混凝土疲劳寿命分布进行描述，并得到了不同可靠度情况下应力水平与疲劳寿命两者间的计算表达式。通过疲劳损伤以及循环比建立了橡胶混凝土损伤模型。通过拟合发现，模型可以很好地描述橡胶混凝土在疲劳过程中的损伤演化情况。

（3）当疲劳损伤不断累积时，橡胶混凝土孔径结构持续劣化，主要体现为总孔隙率 p，平均分布直径 d_m、累积孔体积达到 90% 时对应的孔径 $d_{0.9}$ 和最可几孔径 d_p 的不断增大。在此过程中，大孔维数略有减小，这意味着毛细孔结构逐步由复杂转为简单。根据相关性检验结果发现，采用了总孔隙率 p，平均分布直径 d_m 以及最可几孔径 d_p 三种孔结构变量对疲劳损伤后的橡胶混凝土孔结构进行描述最为合理，并根据上述公式最终得到了基于孔隙结构的橡胶混凝土疲劳寿命预测模型。

橡胶混凝土的冲击特性

5.1 引言

橡胶混凝土材料在服役期间也会受到偶然冲击荷载作用,尤其随着反恐形势的严峻,大型桥梁和公路高架桥等工程需要考虑汽车的撞击作用甚至汽车炸弹的爆炸冲击。因此,无论是主要的民防工程还是军事工程都在结构设计中又加入了强动力荷载冲击作用的考虑。这些重要的建筑结构在受到强烈的冲击荷载作用时,应该保证主体结构能屹立不倒,保证人员和财产的安全。在科学研究上,强动力荷载的试验往往具有一定的难度,因此学者往往选择开展数值模拟研究,因此这也需要更多橡胶混凝土在高应变率下的动态力学特性参数。本章基于霍普金森压杆(SHPB)装置针对普通混凝土、橡胶混凝土以及大流动度橡胶混凝土的动态抗压、劈拉以及弯拉性能分别进行了研究,对比分析了这三种材料的动态力学特性差异,探究了不同橡胶掺量对混凝土静动态力学特性的影响。

5.2 加载方案

5.2.1 SHPB 试验装置

试验选用直径为 74 mm 的分离式霍普金森压杆装置。如图 5-1 所示,分离式霍普金森压杆装置主要包括气压舱、子弹、入射杆、透射杆以及数据采集系统。另

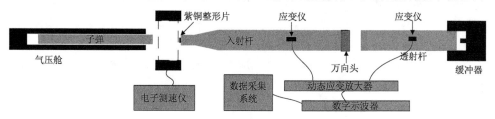

图 5-1 分离式霍普金森压杆装置图

外,试验加入了一套电子测速仪用以测量冲击速度。引入了紫铜片波形整形技术用以获得更好的波形。如图 5-2 所示,紫铜整形片的直径为 20 mm,厚度为 1 mm。为了防止应力集中,动态抗压试验中使用了一套万向头设备(见图 5-3)从而使试件与杆件能充分接触。SHPB 的主要参数如表 5-1 所示。

 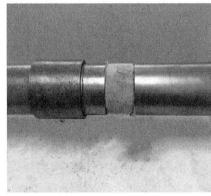

图 5-2　紫铜整形片　　　　　　　　图 5-3　万向头

表 5-1　SHPB 装置的主要参数

名称	参数	名称	参数
子弹长度	0.6 m	密度	7 850 kg/m³
入射杆长度	3 m	杆截面积	4.3×10⁻³ m³
杆直径	0.074 m	弹性波速	5 100 m/s
弹性模量	210 GPa	波阻抗	172 097 kg/s

子弹的直径和长度分别为 37 mm 和 600 mm,通过调整发射舱的气压可以使子弹获得不同的发射速度,进而以不同的能量冲击入射杆。子弹产生的冲击力能形成入射波 $\varepsilon_i(t)$,透射波 $\varepsilon_r(t)$ 和反射波 $\varepsilon_t(t)$,这三个波能通过粘贴在各个杆上的应变片采集,然后通过数据采集系统的处理获取。基于传统的一维波理论和均质性假设,三个波满足下列关系式:

$$\varepsilon_i(t) + \varepsilon_r(t) = \varepsilon_t(t) \tag{5-1}$$

试件的应力 $\sigma_c(t)$、应变 $\varepsilon_c(t)$ 以及应变率 $\dot{\varepsilon}_c(t)$ 可以通过下面的式子计算得到:

$$\sigma_c(t) = \frac{E_b A_b}{A_s} \varepsilon_t(t) \tag{5-2}$$

$$\varepsilon_{\mathrm{c}}(t) = -\frac{2C_{\mathrm{b}}}{l_{\mathrm{s}}}\int_0^t \varepsilon_{\mathrm{r}}(t)\,\mathrm{d}t \qquad (5\text{-}3)$$

$$\dot{\varepsilon}_{\mathrm{c}}(t) = -\frac{2C_{\mathrm{b}}}{l_{\mathrm{s}}}\varepsilon_{\mathrm{r}}(t) \qquad (5\text{-}4)$$

其中,E_{b} 和 A_{b} 分别代表杆的弹性模量以及横截面积,A_{s} 和 l_{s} 分别代表试件的横截面积和厚度,C_{b} 代表长波在杆上的传播波速。

5.2.2 动态抗压试验

动态抗压试验加载方式如图 5-4 所示。动态抗压试验选用了 0.15 MPa、0.3 MPa、0.45 MPa、0.6 MPa、0.75 MPa 和 0.9 MPa 这六个不同的气压进行预试验。结果显示,在 0.15 MPa 的冲击气压下,本试验采用的大流动度橡胶混凝土没有明显的破坏,不能直观地比较混凝土的失效模式。相反,0.9 MPa 的冲击气压受氮气瓶气压量的影响比较大,当氮气瓶含气量不够高时,发射舱的气压难以控制稳定,进而使子弹不能以同一个稳定的发射速度发射出来。综上所述,本试验选用了 0.3 MPa、0.45 MPa、0.6 MPa、0.75 MPa 这四个冲击气压进行动态抗压试验。该试验中试样的尺寸大小为直径 74 mm,高度 38 mm 的圆柱体。

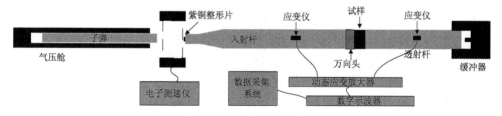

图 5-4　动态抗压试验装置图

5.2.3 动态劈拉试验

动态劈拉试验加载方式如图 5-5 所示。由于动态劈拉试验中试件与杆的接触面较小,杆上的应变片采集得到的应变变化只能代表杆的应变而不能代表试件的应变。因此动态劈拉试验仅采集应力随时间的变化。应力可以由以下公式计算得到:

$$F(t) = \frac{\pi D_{\mathrm{b}}^2}{8}E(\varepsilon_{\mathrm{i}} + \varepsilon_{\mathrm{r}} + \varepsilon_{\mathrm{t}}) \qquad (5\text{-}5)$$

$$\sigma_{\mathrm{s}}(t) = \frac{2F(t)}{\pi D_{\mathrm{s}} l_{\mathrm{s}}} \qquad (5\text{-}6)$$

其中,D_{b} 代表杆的直径,D_{s} 和 l_{s} 分别代表试件的直径和厚度。

动态劈拉试验选用了 0.15 MPa、0.3 MPa、0.45 MPa、0.6 MPa、0.75 MPa 和 0.9 MPa 这六个不同的气压进行预试验。结果显示,在全部预实验中试件均有明显的破坏,能直观地比较混凝土的失效模式。为了获得较为稳定的冲击速度,本试验选用了 0.15 MPa、0.3 MPa、0.45 MPa、0.6 MPa 这四个冲击气压进行动态劈拉试验。该试验中试样的尺寸大小为直径 74 mm,高度 38 mm 的圆柱体。

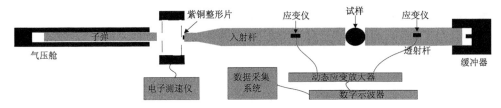

图 5-5   动态劈拉试验的装置图

5.2.4   动态弯拉试验

动态弯拉试验的加载方式如图 5-6 所示。该试验中试样的尺寸大小为 150 mm× 40 mm×40 mm 的长方体。在动态弯拉试验中,一套非平衡方法被利用去处理试验数据。准脆性材料的 SHPB 弯拉试验有其特殊性。传统的试验分析是基于试件内的应力-应变状态已知,并假设试件达到了准静态平衡。实际上,准脆性材料的断裂可能发生在应力平衡之前,且破坏应变较小。另外,试验过程中试件在支承点(透射杆)出现响应前发生破坏。因此需要一个新的合理的模型进行试验过程的瞬态分析。本书主要研究无切口的混凝土试件三点弯拉试验下的动态响应。为了保证试验结果分析的准确性,进行了结构瞬时动态响应分析。这一分析方法考虑了试件破坏之前透射波没有响应的情况。提出一个分析试件瞬时弹性响应的理论模型,由此推导出试件的动态强度,并与现有文献中的结果进行比较。

根据长梁模型,真实反射波 $\varepsilon'_r(t)$ 可以通过下面的式子由应变片记录的入射波 $\varepsilon_i(t)$ 计算得到。冲击点的加载速度和加载力也能由下面的式子推导得到:

$$V(t) = -C_b\left[\varepsilon_i(t) - \varepsilon'_r(t)\right] \tag{5-7}$$

$$F(t) = -C_b Z_b\left[\varepsilon_i(t) + \varepsilon'_r(t)\right] \tag{5-8}$$

其中,$C_b = \sqrt{E_b/\rho_b}$ 代表杆上应力波的传播速度,$Z_b = E_b A_b/C_b$ 代表杆的波阻抗。

弯曲应力和应变率可以通过下面的关系式计算得到:

$$\sigma_b(t) = h E_s \alpha^2 V(t) \text{,其中 } \alpha^2 = \frac{1}{2}\sqrt{\frac{\rho_s S_s}{E_s I_s}} \tag{5-9}$$

$$\dot{\varepsilon}_b(t) = h\alpha^2 \frac{dV(t)}{dt} \tag{5-10}$$

其中,h 代表长方体试件的高,E_s 代表试件的弹性模量,ρ_s,S_s 以及 I_s 分别代表试件的密度、横截面积以及惯性矩。

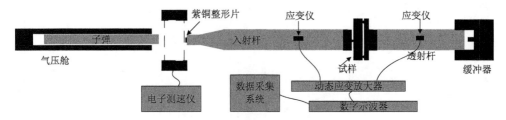

图 5-6　动态弯拉试验的装置图

5.3　普通橡胶混凝土冲击力学特性

5.3.1　试件准备

普通橡胶混凝土冲击试验选用 0%,5%,10%,15% 和 20% 五种配比橡胶混凝土,详见表 5-2。

表 5-2　配合比设计　　　　　　　　　　　　　　　单位:kg/m³

	水泥	粉煤灰	硅灰	水	减水剂	橡胶	砂	石子
RC0	385	139	26	200	7.5	0	1 018	800
RC5	385	139	26	200	7.5	20.75	967.1	800
RC10	385	139	26	200	7.5	41.50	916.2	800
RC15	385	139	26	200	7.5	62.25	865.3	800
RC20	385	139	26	200	7.5	62.25	865.3	800

5.3.2　准静态试验结果

在准静态荷载作用下,橡胶混凝土的抗压强度与橡胶掺量的关系如图 5-7 所示。由图可以看出,抗压强度随橡胶掺量的上升稳定地下降。当掺加 20% 的体积掺量的橡胶颗粒时,混凝土的降幅达到 33.63%。橡胶混凝土的准静态劈裂抗拉强度与橡胶掺量的关系如图 5-8 所示。由图可见,当掺入 5% 的体积掺量的橡胶时,混凝土的劈裂抗拉强度显著下降。而当橡胶掺量继续加大时,强度降低得不再明显。该试验中试样的尺寸为直径 74 mm,高度 150 mm 的圆柱体。

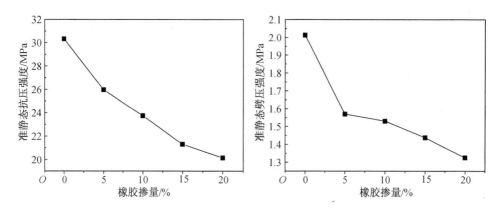

图 5-7　准静态抗压强度与橡胶掺量的关系　图 5-8　准静态劈裂抗拉强度与橡胶掺量的关系

5.3.3　动态压缩试验结果

5.3.3.1　冲击压缩作用下的失效模型

橡胶颗粒的加入明显改善了混凝土的韧性。在冲击荷载的作用下,橡胶混凝土的失效模式优于普通混凝土。图 5-9 显示了不同类型试样在 0.45 MPa 的冲击气压下的失效模式。由图可以看到,普通混凝土试件破坏成碎片,而橡胶混凝土在冲击作用后保持相对的完整性。与大流动度橡胶混凝土相似的是,由于橡胶颗粒的掺量过高导致较多的强度损失,取代率为 20% 的橡胶混凝土相比较于取代率为 15% 的橡胶混凝土,有更严重的破坏模式。在 0.3 MPa 的冲击气压下,所有类型的试件均形成几条明显的裂缝。在 0.6 MPa 和 0.75 MPa 的冲击气压下,所有试件的失效模式都严重破坏,形成碎片。如图 5-10 所示,橡胶混凝土的失效模式略微不同于普通混凝土。橡胶混凝土的碎片大多数是条状,而普通混凝土的碎片大多数是颗粒状,这一现象的主要原因可能是橡胶颗粒在冲击作用下产生大的横向变形在混凝土内部形成横向力,从而导致了混凝土表面的剥离。

(a) RC0 在 0.45 MPa 冲击　　(b) RC5 在 0.45 MPa 冲击　　(c) RC10 在 0.45 MPa 冲击
　　气压下的失效模式　　　　　　气压下的失效模式　　　　　　气压下的失效模式

（d）RC15 在 0.45 MPa 冲击气压下的失效模式　　（e）RC20 在 0.45 MPa 冲击气压下的失效模式

图 5-9　不同类型试样在 0.45 MPa 冲击气压下的失效模式

（a）RC0 在 0.75 MPa 冲击气压下的失效模式　　（b）RC15 在 0.75 MPa 冲击气压下的失效模式

图 5-10　不同类型试样在 0.75 MPa 冲击气压下的失效模式

5.3.3.2　冲击压缩作用下普通橡胶混凝土的应力-应变曲线

图 5-11 显示了在冲击压缩作用下普通橡胶混凝土的应力-应变曲线。由图可以看出，橡胶混凝土的峰值强度始终低于未掺橡胶的混凝土。与之相反的是，橡胶混凝土的峰值应变大于未掺橡胶的混凝土。橡胶混凝土在冲击压缩作用下展示出典型的延性破坏。图 5-12 展示了各种混凝土的峰值应变与橡胶掺量的关系。由图可以看出，橡胶混凝土的峰值应变随着橡胶掺量的增加而增大。除此之外，一些橡胶混凝土的峰前段的应力-应变曲线出现了震荡的现象。这可能主要是因为橡胶颗粒在冲击作用下出现了大的变形，影响了裂纹的扩展。

5.3.3.3　动态抗压强度

图 5-13 展示了橡胶混凝土的动态抗压强度与冲击气压的关系。从图中可以看到，橡胶混凝土有明显的应变率硬化现象，即随着冲击气压的上升动态抗压强度明显上升。

图 5-14 展示了动态抗压强度和橡胶掺量的关系。由图可以看出，动态抗压强度随着橡胶掺量的增加有一个明显下降的趋势。除了在 0.45 MPa 的冲击气压

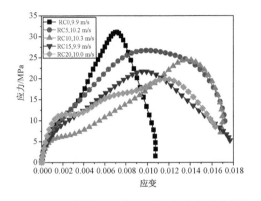

（a）0.3 MPa 冲击气压下橡胶混凝土的应力-应变曲线

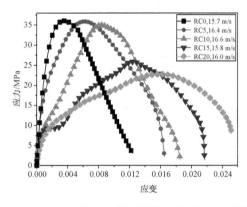

（b）0.45 MPa 冲击气压下橡胶混凝土的应力-应变曲线

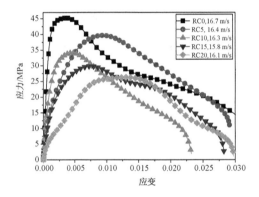

（c）0.6 MPa 冲击气压下橡胶混凝土的应力-应变曲线

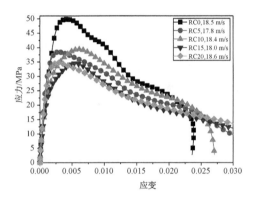

（d）0.75 MPa 冲击气压下橡胶混凝土的应力-应变曲线

图 5-11　冲击压缩作用下普通橡胶混凝土的应力-应变曲线

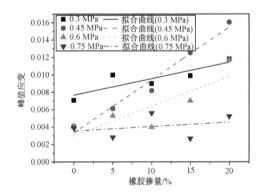

图 5-12　峰值应变与橡胶掺量的关系

下,动态抗压强度的下降规律与准静态的相似。即在橡胶掺量为 5% 时,强度显著下降,而当橡胶掺量继续增加时,强度的损失不再十分明显。这可能是因为在冲击荷载作用下,强度损失的主要原因是有效承载面积的降低。

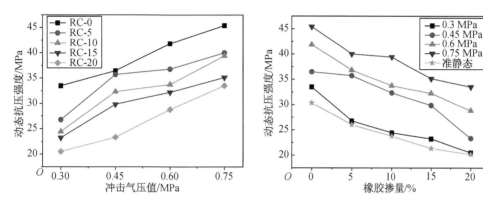

图 5-13　试件在不同冲击气压下的动态抗压强度　图 5-14　不同橡胶掺量的试件的动态抗压强度

5.3.3.4　抗压强度的动态提高因子

表 5-3 展示了抗压强度的动态提高因子(DIF)的平均值以及应变率的平均值。由表可以看出,当取代率低于 20% 时,橡胶混凝土的抗压强度的 DIF 值总是高于普通混凝土,并且 DIF 值随着橡胶掺量的增加而稳定上升。然而当取代率为 20% 时,橡胶混凝土的 DIF 值反而降低。这表明在一定的橡胶掺量范围内,橡胶的加入能改善混凝土的抗冲击压缩的性能。

表 5-3　抗压强度的 DIF 以及应变率的平均值

试件名	准静态抗压强度/MPa	0.3 MPa		0.45 MPa		0.6 MPa		0.75 MPa	
		应变率/s^{-1}	DIF	应变率/s^{-1}	DIF	应变率/s^{-1}	DIF	应变率/s^{-1}	DIF
RC0	30.33	73.85	1.03	86.44	1.14	115.37	1.38	128.30	1.50
RC5	25.98	71.51	1.03	88.04	1.29	119.93	1.42	127.77	1.54
RC10	23.74	73.26	1.03	89.99	1.36	111.28	1.42	121.05	1.66
RC15	21.30	68.81	1.09	83.15	1.58	104.40	1.65	118.31	1.97
RC20	20.13	75.34	1.02	88.97	1.16	101.43	1.43	115.89	1.66

将取对数后的应变率与 DIF 的关系曲线进行拟合,如图 5-15 所示。由图可以看到,橡胶混凝土的拟合曲线的斜率随着橡胶掺量的增加而增大。这表明橡胶的掺入对混凝土抗冲击压缩的能力有一定的增强作用。相似的结论也出现在前面的试验结果中,如图 5-16 所示。这主要是因为橡胶颗粒能阻碍应力集中将冲击力传

递至混凝土基体。

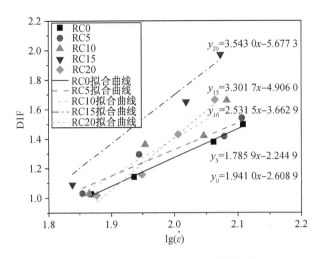

图 5-15　试验中 DIF 和 lg($\dot{\varepsilon}$) 的关系

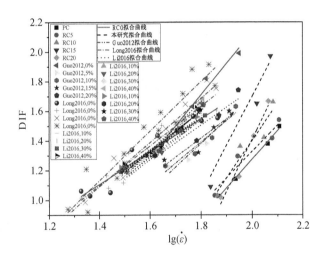

图 5-16　DIF 和 lg($\dot{\varepsilon}$) 的关系的对比分析

5.3.3.5　能量耗散密度

　　图 5-17 展示了能量耗散密度随气压的上升而呈线性增长。这主要是因为气压上升能导致子弹携带更多的能量,这些能量将大部分传递给混凝土导致混凝土吸收能量的增加。

　　图 5-18 展示了不同掺量试件的能量耗散密度。虽然橡胶混凝土的强度低于普通混凝土,但其较高的韧性导致了更大的峰值应变和更长的峰后反应能吸收更多的能量。这就是为什么橡胶混凝土的能量耗散密度反而略高于普通混凝土。

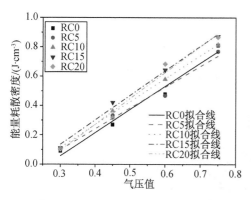

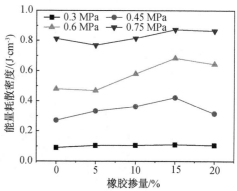

图 5-17 不同气压作用下试件的能量耗散密度　　**图 5-18 不同掺量试件的能量耗散密度**

5.3.4 动态劈拉试验结果

5.3.4.1 普通橡胶混凝土在动态劈拉试验中的失效模型

图 5-19 显示了橡胶混凝土在 0.3 MPa 的冲击气压下的失效模式,它能很好地代表橡胶混凝土在动态劈拉作用下的失效模式。由图可以看出,混凝土试件在两个加载段有明显的压碎区,并且压碎区的面积随着橡胶掺量的增加而增大。这可以归因于橡胶混凝土的低强度。

（a）RC0 在动态劈拉试验中　　（b）RC5 在动态劈拉试验中　　（c）RC10 在动态劈拉试验中
　　的失效模式　　　　　　　　　　的失效模式　　　　　　　　　　的失效模式

（d）RC15 在动态劈拉试验中的失效模式　　（e）RC20 在动态劈拉试验中的失效模式

图 5-19 橡胶混凝土在 0.3 MPa 冲击气压下的失效模式

图 5-19 还可以看出,普通混凝土的开裂面更平顺,而橡胶混凝土的开裂面更加曲折粗糙,这一现象与大流动度橡胶混凝土相同。总结可以由图 5-20 阐明。在冲击荷载作用下,橡胶阻碍了裂缝沿应力较大的加载中心线扩展。大的变形使混凝土与橡胶颗粒薄弱的界面过渡区相互连接,形成曲折的破坏面。

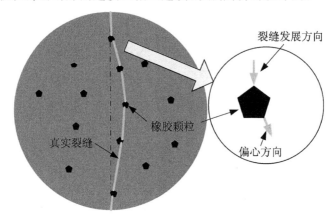

图 5-20　橡胶颗粒的偏心作用

5.3.4.2　普通橡胶混凝土在动态劈拉试验中的应力时程曲线

图 5-21 显示了橡胶混凝土在动态劈拉试验中的应力时程曲线。由图可以看出,橡胶混凝土的峰值压力始终低于普通混凝土。然而当进一步增大橡胶的掺量,橡胶混凝土的峰值压力将不再明显增大。

5.3.4.3　动态劈拉强度

图 5-22 展示了动态劈拉强度随气压的变化规律。从图中可以看出,动态劈拉强度随着气压的上升有相应的增长。不像动态抗压强度的变化规律,掺量为 10%,15% 和 20% 的橡胶混凝土的强度随气压增加到 0.3 MPa 以后便不再明显。

图 5-23 展示了动态劈拉强度与橡胶掺量的关系。由图可以看出,当掺入 5% 体积含量的橡胶时,混凝土的动态劈拉强度有很剧烈的下降,这与准静态劈裂抗拉强度的变化规律相似。但当橡胶掺量继续增加,橡胶混凝土的强度损失便不再明显变化。取代率为 5% 的橡胶混凝土的强度损失在不同冲击气压下分别为 8.23%,14.78%,14.28% 和 7.87%,这明显低于其在准静态试验中 22.06% 的强度损失。取代率为 20% 的橡胶混凝土的强度损失在不同冲击气压下分别为 24.39%,17.45%,20.63% 和 21.33%,这更是远低于其在准静态试验中 34.18% 的强度损失。这说明橡胶混凝土在动态劈拉作用下有一定的优势。

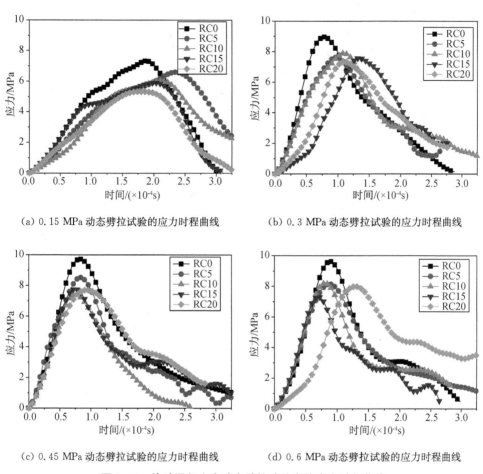

（a）0.15 MPa 动态劈拉试验的应力时程曲线　（b）0.3 MPa 动态劈拉试验的应力时程曲线

（c）0.45 MPa 动态劈拉试验的应力时程曲线　（d）0.6 MPa 动态劈拉试验的应力时程曲线

图 5-21　橡胶混凝土在动态劈拉试验中的应力时程曲线

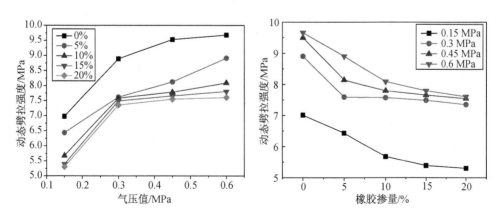

图 5-22　试件在不同气压作用下的动态劈拉强度　图 5-23　不同橡胶掺量试件的动态劈拉强度

5.3.4.4　动态劈拉强度的动态提高因子

如图 5-24 所示，橡胶混凝土劈裂抗拉强度的 DIF 值随着橡胶掺量的增加大致呈上升趋势，其中取代率为 5% 的橡胶混凝土的 DIF 值表现突出，甚至在多个气压下高于其他混凝土。这说明取代率为 5% 的橡胶混凝土在劈拉荷载受力形式下有更好的抗冲击性能。5% 体积掺量的橡胶加入在准静态荷载作用下造成严重的质量损失，而在动态荷载作用下表现优秀，说明橡胶在混凝土抗冲击方面有着有效的作用。

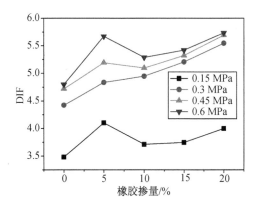

图 5-24　劈拉强度的 DIF 值与橡胶掺量的关系

5.3.5　动态压拉比

通过对比分析动态抗压强度与动态劈拉强度的关系，得到了表 5-4 结果。可以看出，在动态荷载作用下，动态压拉比在 3.82 到 5.39 之间，远低于准静态试验下的压拉比。

表 5-4　动态压拉比

	准静态	0.15 MPa	0.30 MPa	0.45 MPa	0.6 MPa
RC0	15.06	4.44	3.89	4.40	4.70
RC5	16.55	4.16	4.43	4.52	4.49
RC10	15.51	4.30	4.27	4.33	4.87
RC15	14.82	4.31	4.50	4.59	5.39
RC20	15.19	3.86	3.17	3.82	4.41

5.4 大流动度橡胶混凝土冲击力学特性

5.4.1 试件准备

5.4.1.1 配合比设计

为了保证大流动度橡胶混凝土的强度不至于下降得太多,橡胶的掺量应该控制在30%的范围内。因此本试验的橡胶掺量分别为10%,20%和30%。大流动度橡胶混凝土的水胶比和砂率选用为0.36和0.56,其配合比如表5-5所示。本书中SCC表示不掺橡胶的大流动度混凝土(橡胶掺量为0%),不同橡胶掺量的大流动度橡胶混凝土用字母SCRC和掺量百分比表示,例如SCRC5即表示橡胶掺量为5%的大流动度橡胶混凝土。

表 5-5　大流动度橡胶混凝土配合比 　　　　　　　　　　　　单位:kg/m³

编号	水泥	粉煤灰	硅灰	水	减水剂	砂	石	橡胶颗粒
SCC	385	139	26	200	7.0	1 018	800	0
SCRC10	385	139	26	200	7.3	916.2	800	41.5
SCRC20	385	139	26	200	7.5	814.4	800	83
SCRC30	385	139	26	200	7.5	712.6	800	124.5

通过将混凝土浇筑到一端封闭的PVC管中制备圆柱体试件,其中,PVC管内径为74 mm,高度为250 mm。经过28 d的泡水养护成型后,去掉PVC管。圆柱体混凝土试块被制备成两种试件。第一种是将其切成直径74 mm,高度38 mm的巴西圆盘。每个高度250 mm的长圆柱体被切成5个巴西圆盘,两端约20 mm的端部被丢弃。第二种是将其切成一个直径74 mm,高度150 mm的圆柱体,作为准静态试验的试样。圆柱体混凝土试样切割完成后,用抛光机打磨表面至表面光滑。除此之外,试验通过三联模制备了尺寸为150 mm×40 mm×40 mm的长方体,作为准静态抗弯试验的试样。

5.4.1.2 工作性能测试

根据中华人民共和国《自密实混凝土应用技术规程》(JGJ/T 283—2012)的规定,评价混凝土工作性能包括三个方面,即填充性、间隙通过性以及抗离析性。利用坍落扩展度和扩展时间T50来衡量大流动度橡胶混凝土的填充性,利用扩展度与J环扩展度的差值来评价间隙通过性,利用离析率测量桶测得离析率准确评价大流动度橡胶混凝土的工作性能。

大流动度橡胶混凝土的坍落扩展度、J环扩展度以及离析率的测量方法如图5-25所示。

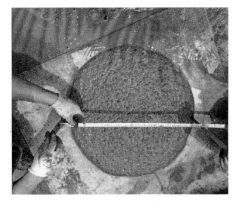

（a）坍落扩展度测定

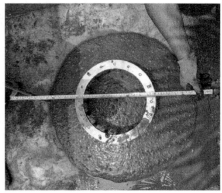

（b）J 环扩展度测定

（c）离析率测定

图 5-25　坍落扩展度 J 环扩展度及离析率的测量方法

　　大流动度橡胶混凝土的工作性能如表 5-6 所示，由试验结果可以看出本试验配制的大流动度橡胶混凝土的工作性能满足大流动度混凝土的要求。

表 5-6　大流动度橡胶混凝土的工作性能

	SCC	SCRC10	SCRC20	SCRC30
坍落扩展度/mm	705	695	686	683
J 环扩展度/mm	690	673	663	652
坍落扩展度与 J 环扩展度的差值/mm	15	22	23	31
Δh/mm	5	6	8	9
离析率/%	2.5	5.4	4.5	6.2
T50/s	2	3	5	5

5.4.2　准静态试验结果

大流动度橡胶混凝土的准静态力学性能如表5-7所示。结果显示,随着橡胶掺量的增加,大流动度橡胶混凝土的抗压强度和抗弯强度均匀地下降。劈裂抗拉强度在橡胶取代率由10％升至20％时降低不大,而在橡胶取代率由0％升至10％以及由20％升至30％时下降明显。另外弹性模量随着橡胶掺量的增加也有下降的趋势。

强度的损失可以由以下三个原因解释:(1)相比较于硬化的水泥浆体,橡胶颗粒有着极低的弹性模量。这导致了橡胶在混凝土中犹如一个空洞,而不能承受荷载,降低了有效承载面积。(2)由于橡胶颗粒与混凝土的黏结效果很差,在橡胶颗粒与混凝土的界面过渡区很容易产生初始微裂纹并且形成应力集中。(3)由于橡胶的表面粗糙而且是非极性的,所以掺入橡胶的过程中往往会引入大量的气体,这使得混凝土的孔隙率显著提高从而降低了强度。

表 5-7　大流动度橡胶混凝土的准静态力学性能

	SCC	SCRC10	SCRC20	SCRC30
准静态抗压强度/MPa	38.68	28.76	22.98	17.52
准静态劈裂抗拉强度/MPa	3.65	2.70	2.29	1.42
准静态抗弯强度/MPa	9.09	7.73	6.86	6.18
弹性模量/GPa	35.2	30.7	25.6	21.1
单位质量/(kg·m^{-3})	2 316	2 273	2 199	2 131

5.4.3　动态抗压试验结果

5.4.3.1　冲击压缩下的失效模型

如图5-26所示,在0.3 MPa的冲击气压下,所有的试件均出现几条明显的宏观裂纹,而且掺加橡胶颗粒的大流动度混凝土的裂纹明显比普通大流动度混凝土的裂纹细,并且能保持试件的完整性。而在0.75 MPa的冲击气压下,所有的试件均崩坏成碎片。如图5-27所示,没有掺加橡胶颗粒的大流动度混凝土碎片更小,而掺加橡胶颗粒的大流动度混凝土有很多大块的碎片结合体,虽然内部也破坏严重,但由于橡胶颗粒的连接,它们并未完全分开。

在低冲击气压下,混凝土由于应力集中而失效,主要的初始微裂纹能有足够的时间扩展进而贯穿混凝土。而在高气压作用下,试件由于瞬间吸收了大量能量,内部许多初始微裂纹同时扩展。微裂纹扩展贯通混凝土导致大量碎片的形成。

(a) 0.3 MPa 冲击气压下 SCC 失效模型　　　(b) 0.3 MPa 冲击气压下 SCRC30 失效模型

图 5-26　0.3 MPa 冲击气压下各试件失效模型

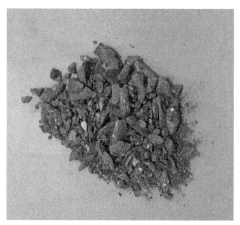 

(a) 0.75 MPa 冲击气压下 SCC 失效模型　　　(b) 0.75 MPa 冲击气压下 SCRC30 失效模型

图 5-27　0.75 MPa 冲击气压下各试件失效模型

在 0.45 MPa 和 0.6 MPa 的冲击气压下，不同橡胶掺量的大流动度橡胶混凝土的失效模式有明显的区别。图 5-28 展示了 0.6 MPa 的冲击气压下，大流动度橡胶混凝土的不同失效模式。由图可以看出，经受冲击作用后，掺量为 20% 和 30% 的大流动度橡胶混凝土相对于普通大流动度混凝土更加完整。因为橡胶颗粒的掺入破坏了混凝土基体的连续性，在强冲击荷载的作用下更容易破裂。然而，由于橡胶颗粒有着特别高的弹性模量，橡胶颗粒和混凝土在破裂变形的过程中不容易完全分离致使混凝土碎片被橡胶颗粒连接在一起，保持相对的完整性。这也是为什么橡胶掺量越高，在强冲击荷载作用下更容易保持相对完整性。

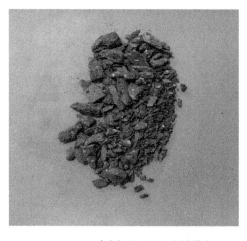

(a) 0.6 MPa 冲击气压下 SCC 失效模式　　　　　(b) 0.6 MPa 冲击气压下 SCRC10 失效模式

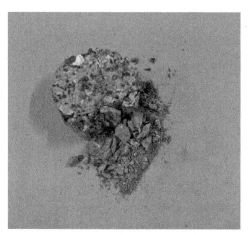

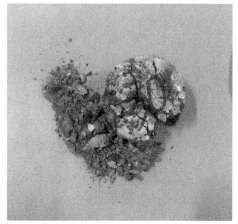

(c) 0.6 MPa 冲击气压下 SCRC20 失效模式　　　　(d) 0.6 MPa 冲击气压下 SCRC30 失效模式

图 5-28　0.6 MPa 冲击气压下各试件失效模式

5.4.3.2　冲击压缩作用下大流动度橡胶混凝土的应力-应变曲线

图 5-29 显示了大流动度橡胶混凝土在不同气压的冲击压缩作用下的应力-应变曲线。结果表明，所有试样的峰值应力随着气压的增加而增大。与之相反，试样的峰值应力随着橡胶取代率的增加而降低。不像龙广成的试验结果，本试验中大流动度橡胶混凝土的峰值应变并非总是高于普通大流动度混凝土，特别是在0.6 MPa 的冲击气压下，不掺橡胶颗粒的大流动度混凝土的峰值应变反而略大于取代率为 20% 的大流动度橡胶混凝土。但是总体而言，大流动度橡胶混凝土展现出更高的韧性，其峰后段曲线下降得更加平缓，这意味着在相同的抗压强度时大流动度橡胶混凝土有更高的能量耗散。

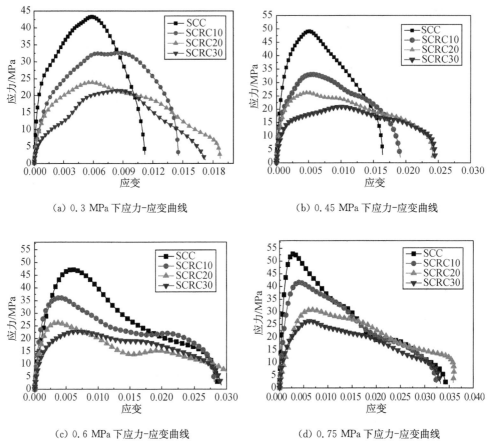

(a) 0.3 MPa下应力-应变曲线   (b) 0.45 MPa下应力-应变曲线

(c) 0.6 MPa下应力-应变曲线   (d) 0.75 MPa下应力-应变曲线

图 5-29 大流动度橡胶混凝土在不同气压的冲击压缩作用下的应力-应变曲线

5.4.3.3 动态抗压强度

图 5-30 展示了动态抗压强度与冲击气压的关系。结果表明,大流动度橡胶混凝土的动态抗压强度随着冲击气压的增加而增大,表现出与普通大流动度混凝土相似的效应。这一现象也能归因于 Stefan 效应、惯性效应以及混凝土的非均质性。

图 5-31 展示了动态抗压强度与橡胶掺量的关系。结果表明,动态抗压强度随着橡胶取代率的增加而降低,而且动态抗压强度的下降规律与准静态抗压强度相似。这一强度损失的原因与准静态的相同。

5.4.3.4 抗压强度的动态提高因子

动态提高因子(DIF)已经广泛应用于评价混凝土的应变率硬化效应。它被定义为动态抗压强度与准静态抗压强度的比值。表 5-8 展示了动态抗压强度的 DIF 值以及动态抗压强度试验的结果。其中,应变率为峰值应力对应的应变率。如

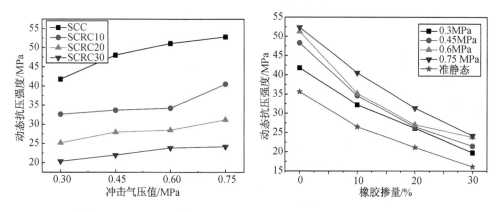

图 5-30　动态抗压强度与冲击气压的关系　　图 5-31　动态抗压强度与橡胶掺量的关系

表 5-8 所示，DIF 随着应变率的增长而增大。根据前人的总结，DIF 与取对数后的应变率有稳定的线性关系：

$$\text{DIF} = a \cdot \lg(\dot{\varepsilon}) + b \qquad (5\text{-}11)$$

图 5-32 显示了取对数后的应变率与 DIF 的拟合曲线及其拟合关系式，并将其与龙广成的试验结果相比较。由图可以看到，大流动度橡胶混凝土的拟合曲线的斜率随着橡胶掺量的增加而增大。这表明橡胶的掺入对大流动度混凝土抗冲击压缩的能力有一定的增强作用。图中也显示了取代率为 20% 的大流动度橡胶混凝土的 DIF 略高于其他混凝土。

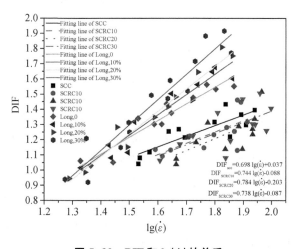

图 5-32　DIF 和 lg($\dot{\varepsilon}$) 的关系

表 5-8　DIF 值以及动态抗压试验的结果

试件名	准静态抗压强度/MPa	0.3 MPa			0.45 MPa			0.6 MPa			0.75 MPa		
		应变率/s^{-1}	动态抗压强度/MPa	DIF	应变率/s^{-1}	动态抗压强度/MPa	DIF	应变率/s^{-1}	动态抗压强度/MPa	DIF	应变率/s^{-1}	动态抗压强度/MPa	DIF
SCC	38.68	34.01	40.29	1.04	43.46	48.54	1.25	71.18	47.22	1.22	81.11	50.21	1.30
		34.39	41.83	1.08	49.48	47.02	1.22	62.88	50.95	1.32	77.95	52.82	1.37
		37.20	43.30	1.12	47.13	49.13	1.27	68.79	55.46	1.43	87.24	53.99	1.40
SCRC10	28.76	41.30	31.40	1.09	51.42	35.20	1.22	75.52	32.50	1.13	82.14	37.90	1.32
		39.01	32.67	1.14	62.54	35.48	1.23	73.76	36.10	1.26	75.53	42.02	1.46
		44.15	32.57	1.13	57.66	32.98	1.15	69.35	36.84	1.28	77.76	41.61	1.45
SCRC20	22.98	46.16	23.86	1.04	68.61	26.17	1.14	85.67	29.22	1.27	87.23	30.74	1.34
		50.36	27.90	1.21	59.51	30.15	1.31	78.74	26.18	1.14	85.71	28.40	1.24
		46.19	24.68	1.07	54.12	27.19	1.18	76.35	29.60	1.29	92.39	34.86	1.52
SCRC30	17.52	40.47	18.62	1.06	68.82	20.93	1.19	85.76	22.83	1.30	91.08	25.38	1.45
		52.79	21.48	1.23	64.5	22.23	1.27	78.971	25.69	1.47	99.71	24.63	1.41
		47.55	20.50	1.17	71.44	20.90	1.19	87.65	22.78	1.30	96.08	23.06	1.32

5.4.3.5　能量耗散密度

能量耗散密度被定义为单位体积混凝土吸收能量的能力,它可以被用来评价水泥基材料的抗冲击韧性。能量耗散密度可以被表达为下式:

$$E_{v} = \frac{A_{b}C_{b}E_{b}}{V_{s}}\int_{0}^{t}\left[\varepsilon_{i}^{2}(t) - \varepsilon_{r}^{2}(t) - \varepsilon_{t}^{2}(t)\right]\mathrm{d}t \tag{5-12}$$

其中,A_{b}、C_{b} 以及 E_{b} 分别代表杆的横截面积、波的传播速度以及波的横截面积,$\varepsilon_{i}(t)$、$\varepsilon_{r}(t)$ 和 $\varepsilon_{t}(t)$ 分别代表入射波、反射波以及投射波,t 代表波的持续时间,V_{s} 代表着试件的体积。

如图 5-33 所示,在所有的冲击气压下,大流动度橡胶混凝土的能量耗散密度随掺量的增加而表现出大致的下降趋势。这一现象的主要原因是大流动度橡胶混凝土较低的强度。然而因为大流动度橡胶混凝土的高韧性导致大的峰值应变和较长的峰后反应,取代率为 20% 的大流动度橡胶混凝土的能量耗散密度在不同的冲击气压下分别为普通大流动度混凝土的 65.41%、63.51%、68.86% 和 75.10%。而取代率为 20% 的大流动度橡胶混凝土的强度仅为普通大流动度混凝土的 60.94%,57.72%,55.33% 和 59.86%。由此可见,取代率为 20% 的大流动度橡胶混凝土在与不掺橡胶的大流动度混凝土的强度相同时能获得更高的吸收能量的能力。

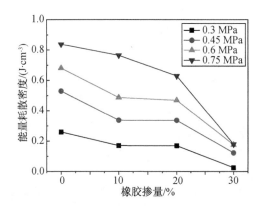

图 5-33　不同掺量大流动度橡胶混凝土的能量耗散密度

5.4.4　动态劈拉试验结果

5.4.4.1　失效模式

　　所有的试件在高应变率的劈拉荷载下的失效模式大致相似。图 5-34 展示了大流动度橡胶混凝土在 0.3 MPa 的冲击荷载作用下劈拉破坏的失效模式。由图可以看出,未掺橡胶的大流动度混凝土的劈裂表面相对平滑,而大流动度橡胶混凝土的劈裂表面更加扭曲粗糙。这主要是因为橡胶颗粒能阻挡裂缝的扩展,改变应力集中的方向。另外橡胶颗粒与混凝土的界面过渡区更加薄弱,这使得混凝土更容易沿着此部位发生破坏。因此,裂纹先发生于橡胶颗粒的界面过渡区形成微裂纹,在扩展的过程中受到橡胶的阻碍而改变扩展方向,最终将微裂纹连接形成宏观裂缝直至混凝土破坏。

（a）0.3 MPa 气压下 SCC 失效模式　　　　　　　　（b）0.3 MPa SCRC10 失效模式

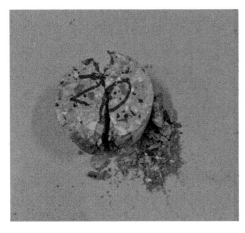 

(c) 0.3 MPa SCRC20 失效模式　　　　　　　　(d) 0.3 MPa SCRC30 失效模式

图 5-34　大流动度橡胶混凝土在 0.3 MPa 冲击荷载作用下劈拉破坏的失效模式

5.4.4.2　应力时程曲线

图 5-35 显示了橡胶混凝土在动态劈拉试验中的应力时程曲线。由图可以看出,大流动度橡胶混凝土的峰值应力总是低于未掺橡胶颗粒的大流动度混凝土。另外,大流动度橡胶混凝土的应力发展总是滞后于普通大流动度混凝土。这主要是因为橡胶颗粒阻碍了裂缝的快速发展,增加了其贯穿混凝土的时间。

5.4.4.3　动态劈拉强度

图 5-36 显示了动态劈拉强度与冲击气压的变化规律。像动态抗压强度一样,大流动度橡胶混凝土的动态劈拉强度随着冲击气压的增加而增大,表现出明显的应变率增强效应。

图 5-37 显示了动态劈拉强度与橡胶掺量的关系。与准静态加载条件下类似,大流动度橡胶混凝土的动态劈拉强度随着橡胶掺量的增加而降低。这一现象的原因和动态劈拉强度的降低原因相同。

5.4.4.4　动态劈拉强度的动态提高因子

表 5-9 展示了劈拉强度的 DIF 值和动态劈拉试验的结果。图 5-38 阐明了劈拉强度的 DIF 值随着橡胶掺量的增加而增大。取代率为 10% 的大流动度橡胶混凝土的劈拉强度 DIF 值在不同冲击气压下相对于未掺橡胶颗粒的大流动度混凝土分别提高了 29.3%,14.1%,21.9% 和 19.8%。取代率为 30% 的大流动度橡胶混凝土的劈拉强度 DIF 值在不同冲击气压下相对于未掺橡胶颗粒的大流动度混凝土更是分别提高了 112.1%,61.2%,64.0% 和 60.7%。这表明橡胶颗粒的加入使大流动度混凝土有了更强的抗劈拉能力。而且在 30% 的取代率范围内掺量越高,抗劈拉的能力越强。

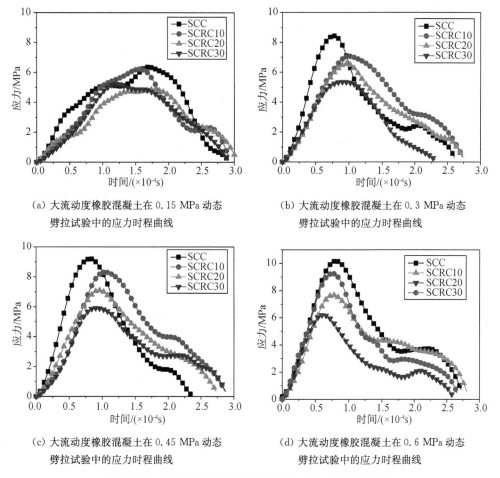

(a) 大流动度橡胶混凝土在 0.15 MPa 动态
    劈拉试验中的应力时程曲线

(b) 大流动度橡胶混凝土在 0.3 MPa 动态
    劈拉试验中的应力时程曲线

(c) 大流动度橡胶混凝土在 0.45 MPa 动态
    劈拉试验中的应力时程曲线

(d) 大流动度橡胶混凝土在 0.6 MPa 动态
    劈拉试验中的应力时程曲线

图 5-35　橡胶混凝土在动态劈拉试验中的应力时程曲线

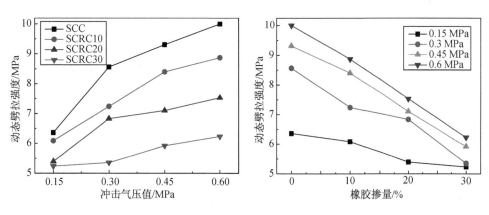

图 5-36　动态劈拉强度与冲击气压的关系　　图 5-37　动态劈拉强度与橡胶掺量的关系

在冲击波的影响下,混凝土沿冲击力方向的横截面能形成初始微裂纹并迅速贯穿混凝土。然而在掺加橡胶颗粒的大流动度混凝土中,橡胶颗粒阻碍应力集中,裂缝不能自由地贯穿混凝土截面。因此一维应力转变为二维应力,DIF 值显著提高。

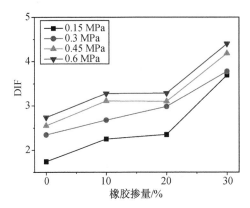

图 5-38　劈拉强度的 DIF 值与橡胶掺量的关系

表 5-9　DIF 值和动态劈拉试验的结果

试件名	准静态抗拉强度/MPa	0.15 MPa		0.3 MPa		0.45 MPa		0.6 MPa	
		动态抗拉强度/MPa	DIF	动态抗拉强度/MPa	DIF	动态抗拉强度/MPa	DIF	动态抗拉强度/MPa	DIF
SCC	3.65	6.09	1.67	9.01	2.47	9.68	2.65	10.26	2.81
		6.61	1.81	8.44	2.31	9.25	2.53	10.15	2.78
		6.37	1.75	8.24	2.26	9.00	2.47	9.60	2.63
SCRC10	2.70	6.25	2.31	7.40	2.74	8.32	3.08	8.57	3.17
		6.19	2.29	7.07	2.62	8.48	3.14	9.26	3.43
		5.80	2.15	7.25	2.69	8.40	3.11	8.78	3.25
SCRC20	2.29	5.25	2.29	7.10	3.10	7.16	3.13	7.68	3.35
		5.76	2.52	6.56	2.86	6.68	2.92	7.00	3.06
		5.21	2.28	6.83	2.98	7.52	3.28	7.92	3.46
SCRC30	1.42	5.65	3.98	5.00	3.52	6.21	4.37	6.40	4.51
		5.23	3.68	5.35	3.77	5.56	3.92	6.05	4.26
		4.81	3.39	5.70	4.01	5.99	4.22	6.24	4.39

5.4.5 动态弯拉试验结果

5.4.5.1 动态弯拉强度

图5-39显示出大流动度橡胶混凝土的动态弯拉强度随着气压的增加而显著增大。这主要是因为惯性效应和混凝土的非均质性。换句话说,在强冲击荷载的作用下,裂缝来不及沿着混凝土的薄弱界面进行扩展而是贯穿了更为坚硬的碎石骨料,从而导致整体冲击强度的增大。

图5-40显示出大流动度橡胶混凝土的动态弯拉强度随着橡胶掺量的增加而下降,但在不同的冲击气压下,其下降规律并不一致。像准静态弯拉荷载作用一样,动态弯拉强度因为掺加橡胶颗粒造成的损失也是由橡胶颗粒薄弱的界面过渡区以及有效承载面积的降低引起。

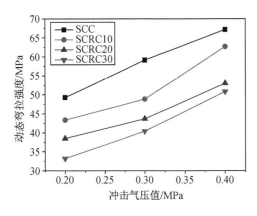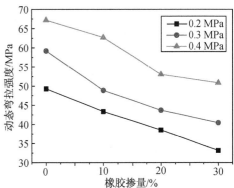

图5-39 动态弯拉强度与冲击气压的关系　　**图5-40 动态弯拉强度与橡胶掺量的关系**

5.4.5.2 弯拉强度的动态提高因子

表5-10展示了在不同冲击荷载下,弯拉强度的DIF值以及动态弯拉试验的结果。图5-41展示了弯拉强度DIF值与取对数后应变率的线性关系式以及拟合结果。结果显示,大流动度橡胶混凝土的弯拉强度的DIF值增长率明显高于未掺橡胶的大流动度混凝土。

图5-42显示了弯拉强度的DIF值与橡胶掺量的关系曲线。由图可以看出,取代率为10%的大流动度橡胶混凝土的DIF值在不同冲击气压下总是高于未掺橡胶的大流动度混凝土。然而,当橡胶掺量继续增加时,大流动度橡胶混凝土的DIF值便不能总是高于未掺入橡胶的大流动度混凝土。这说明本试验中取代率为10%的大流动度橡胶混凝土在冲击荷载作用下有着更好的抗弯拉性能。这一现象的主要原因可能是,在低橡胶掺量的大流动度混凝土中,橡胶能阻碍裂缝的扩展,增加混凝土的韧性,缓冲冲击波的破坏作用。但当橡胶掺量过高时,橡胶颗粒破坏

了混凝土的连续性,增加了薄弱区域。这为初始微裂纹的形成以及混凝土的破坏创造了条件,因此不利于动态弯拉强度的增长。

表 5-10　DIF 值以及动态弯拉试验的结果

试件名	准静态抗弯强度/MPa	0.2 MPa			0.3 MPa			0.4 MPa		
		应变率/s⁻¹	动态抗弯强度/MPa	DIF	应变率/s⁻¹	动态抗弯强度/MPa	DIF	应变率/s⁻¹	动态抗弯强度/MPa	DIF
SCC	9.09	34.1	49.57	5.45	49.18	62.31	6.85	69.75	66.10	7.27
		33.47	47.14	5.18	47.53	56.22	6.18	68.00	68.22	7.50
		33.40	51.00	5.61	48.61	58.98	6.49	67.40	67.16	7.39
SCRC10	7.73	37.94	43.53	5.63	49.41	53.54	6.92	69.89	64.68	8.36
		35.39	49.32	6.38	52.55	50.17	6.49	74.16	67.35	8.71
		36.49	43.18	5.58	51.07	49.59	6.41	69.69	64.68	8.36
SCRC20	6.86	37.39	38.40	5.60	51.12	43.33	6.31	68.77	54.00	7.87
		37.33	39.12	5.70	53.50	45.32	6.60	69.61	54.00	7.87
		38.03	38.07	5.55	50.12	42.34	6.17	70.98	51.03	7.44
SCRC30	6.18	40.96	33.12	5.36	53.98	39.93	6.46	74.00	49.43	8.00
		41.22	32.96	5.33	56.65	40.88	6.62	74.24	51.38	8.32
		41.98	33.44	5.41	58.45	40.41	6.54	76.88	51.59	8.35

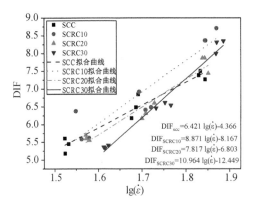

图 5-41　弯拉强度的 DIF 值与应变率的关系

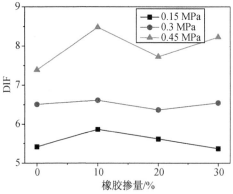

图 5-42　弯拉强度的 DIF 值与橡胶掺量的关系

5.5　本章小结

本章利用 SHPB 装置研究了普通橡胶混凝土和大流动度橡胶混凝土在冲击荷载作用下的动态力学性能,主要得到以下结论:

（1）橡胶的掺入能有效优化混凝土在冲击压缩下的失效模式,而在动态劈拉试验中,橡胶混凝土的断裂面更加曲折粗糙。和准静态试验相似,随着橡胶掺量的增加,橡胶混凝土的动态抗压强度和动态劈拉强度均降低。动态加载下,橡胶混凝土也表现出较强的应变率硬化现象,强度的 DIF 值也随着橡胶掺量的增加而增大。在动态抗压试验中,随着橡胶掺量的增加,橡胶混凝土的峰值应变显著增大。橡胶混凝土能量耗散密度高于普通混凝土,橡胶掺量为 15％ 的橡胶混凝土抗冲击韧性最佳。基于试验结果得出,橡胶混凝土的动态拉压比处于 3.82～5.39 之间,远低于准静态试验下的压拉比,且随橡胶掺量的变化没有表现出明显的规律。

（2）在高应变率下,大流动度橡胶混凝土的动态抗压强度、动态劈拉强度以及动态弯拉强度均随着冲击气压的增加而增大。与准静态试验相似,当橡胶掺量增加时,大流动度橡胶混凝土的动态抗压强度、动态劈拉强度以及动态弯拉强度均有一定的强度损失,但大流动度橡胶混凝土的韧性和延性明显优于普通橡胶混凝土。大流动度橡胶混凝土的压缩强度和弯拉强度的动态提高因子随应变率变化的增长率均略大于普通混凝土,劈裂强度动态提高因子随着橡胶掺量的增加而明显增大。

（3）橡胶掺量为 20％ 的大流动度橡胶混凝土在抗冲击压缩的试验中表现出了最优的性能。橡胶掺量为 30％ 的大流动度橡胶混凝土在动态劈拉试验中的动态提高因子明显高于其他混凝土,表现出最优的抗劈拉性能。橡胶掺量为 10％ 的大流动度橡胶混凝土在动态弯拉试验中的动态提高因子高于其他混凝土。由此可见,在不同的受力方式下,混凝土有不同的最佳橡胶掺量。橡胶掺量的选取应该立足于实际工程需要,根据结构的受力方式选取合适的橡胶掺量。

橡胶混凝土板状结构受力分析

6.1 引言

在上述章节材料特性的研究基础上,本章针对橡胶混凝土板状大构件开展试验,对实际橡胶混凝土结构在工程服役期间的破坏过程和损伤机理进行分析和预测。混凝土板状结构断裂实质上是混凝土内部裂缝不断生长的过程,裂缝会大大降低板状结构的使用寿命,而疲劳断裂是混凝土板状结构破坏最常见的形式之一。因此,评估板状结构的裂缝扩展行为和预测其剩余疲劳寿命具有重要的工程价值。本章模拟实际结构地基承载试验工况,基于试验曲线构建了橡胶混凝土板状构件的扩展有限元模型。并对橡胶混凝土板状结构开展了不同应力比和荷载频率的循环荷载试验,建立了预测橡胶混凝土板状结构疲劳寿命的改进数学模型。

6.2 橡胶混凝土板状结构的断裂力学特性

6.2.1 试验方案

6.2.1.1 试件配合比

基于固定砂石体积法确定橡胶混凝土板状构件原材料用量,选用的水胶比和砂率分别为 0.364 和 0.56,配合比如表 6-1 所示。

表 6-1 橡胶混凝土板状构件配合比 单位:kg/m³

水泥	粉煤灰	硅灰	水	减水剂	砂	石	橡胶颗粒
385	139	26	200	7.3	916.2	800	41.5

6.2.1.2 橡胶混凝土梁断裂试验

为了观察尺寸效应对橡胶混凝土断裂特性的影响,通过文献的阅读以及相关规范的参考,对于橡胶混凝土梁的加载工况进行了确定,如表 6-2 所示。

在加载的过程中需要测得裂缝张开口位移大小和荷载大小的关系,因此在预制裂缝的张开口处装置了夹式引伸计,用来测得裂缝张开口位移大小,如图 6-1 所示。对试件施加约束,就可对试件进行位移加载,从而可以观察橡胶混凝土梁的断裂过程,并记录下预制裂缝的橡胶混凝土梁 P-CMOD 曲线。

表 6-2　梁加载工况表

试验类型	缝高比	试件尺寸(长×宽×高)	试件数量	位移加载速率
梁三点弯断裂试验 (刚性加载)	0.3	400 mm×100 mm×100 mm	3	0.001 mm/s
	0.3	800 mm×100 mm×150 mm	3	0.001 mm/s
	0.3	1 200 mm×100 mm×250 mm	3	0.001 mm/s
梁地基承载断裂试验 (软土地基)	0.3	400 mm×100 mm×100 mm	3	0.001 mm/s
	0.3	800 mm×100 mm×150 mm	2	0.001 mm/s
	0.3	1 200 mm×100 mm×250 mm	3	0.001 mm/s

1) 三点弯断裂试验

使用 MTS 试验机对预制裂缝的橡胶混凝土梁进行三点弯位移加载,加载简图如图 6-2 所示。

图 6-1　MTS322 电液伺服加载
系统仪器设备

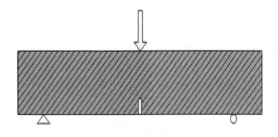

图 6-2　三点弯梁加载示意图

2) 地基承载断裂试验

橡胶混凝土梁在地基承载下的位移加载试验的简图如图 6-3 所示。

为了通过 MTS322 电液伺服加载系统对地基承载的橡胶混凝土梁板进行加载,对传统 MTS322 电液伺服加载系统进行了改装,如图 6-4 所示。将天然的地基土放置在一个定制的钢盒内,并用打夯机夯实。在钢盒的地基上放置橡胶混凝土梁进行位移加载,从而可以观察橡胶混凝土梁的断裂过程,并记录下预制裂缝的橡

胶混凝土梁 P - CMOD 曲线。

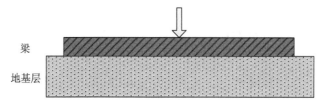

梁

地基层

图 6-3　地基梁加载示意图

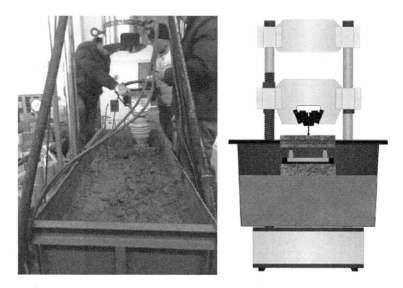

图 6-4　改进的 MTS 万能试验机

6.2.1.3　橡胶混凝土板断裂试验

为了验证橡胶混凝土板状结构预测模型适用于各种类型的裂缝,进行了不同裂缝类型工况的试验来验证预测模型的适用性。同时,考虑到工程应用中板状结构的尺寸大小也有所差异,开展了两种不同大小尺寸的橡胶混凝土板状结构的断裂试验,试验加载工况如表 6-3 所示。

表 6-3　板状结构加载工况表

试验类型	开缝类型	试件尺寸/mm×mm×mm	加载方式	位移加载速率
板加载 (软土地基)	缝高比 0.3	560×500×100	中心加载	0.001 mm/s
	横向贯穿缝 0.75	560×500×100	距边缘 0.1 m	0.001 mm/s
	缝高比 0.3	560×500×150	中心加载	0.001 mm/s
	横向贯穿缝 0.75	560×500×150	距边缘 0.1 m	0.001 mm/s

橡胶混凝土板单调断裂试验的加载装置为电液伺服材料万能试验机 MTS 322,加载范围为 500 kN。采用夹式引伸计测量裂缝张开口位移。考虑到混凝土板状结构出现的裂缝的类型有很多种,有的是底部裂缝,有的是横向贯穿缝。因此,本研究中共涉及两种不同裂缝形式的橡胶混凝土板,加载形式如图 6-5 所示。

(a) 贯穿裂缝橡胶混凝土板加载装置　　　　(b) 侧边缝橡胶混凝土板加载装置

图 6-5　两种不同裂缝形式橡胶混凝土板加载装置

6.2.1.4　天然地基土参数测定

板状结构作用在地基土上的同时,地基也会对板状结构产生一定的影响。为了更加真实地模拟板状结构,研究针对橡胶混凝土试件开展了地基承载加载试验。由于试验条件限制,本研究直接将试件放置在软土地基上进行断裂加载。因此,需要针对试验所用的地基土开展相关土基参数测定,包括含水率测试、液塑限测试以及击实试验。

1) 含水率试验

取适量的天然地基土作为试样,用 3 个盒子装取试件,分别为 D1、D2 和 D3。通过烘干法对三个试样进行了含水率试验,根据土力学中对于土样含水率的定义,通过精确的称重,最后取三个试验测得的平均值作为天然地基土的含水率,试验测得的参数如表 6-4 所示。天然地基土含水率为 19.2%。

表 6-4　天然地基土含水率试验数据

盒号	D1	D2	D3
盒子的质量/g	36.27	37.68	35.08
盒＋湿土的质量/g	69.23	76.71	67.3
盒＋干土的质量/g	63.72	70.5	62.25
含水率/%	20.1	18.9	18.6
含水率平均值/%	19.2		

2) 液塑限联合测定法试验

取适当的天然地基土土样,制备3种不同稠度的试样。首先通过使用LP-100型液塑限联合测试仪对试样液塑限的测试试验,记录下圆锥下落5 s时的入土深度(mm),然后测试每个试验的含水率$w(\%)$,测定的试验数据如表6-5所示。

表6-5　液塑限试验数据

试验编号	1号		2号		3号	
入土深度/ mm	4.26	4.27	10.00	9.98	18.2	17.97
	4.26		9.92		17.95	
	4.30		10.01		17.76	
含水率/ %	21.8		26.9		31.4	

对测得的数据进行整理,绘制入土深度与含水率之间的关系曲线,坐标轴均为对数坐标。绘制一条过三点的直线,如图6-6所示。绘制完成后,利用Origin的取点的功能,找出入土深度为2 mm的对应的含水率,即塑限,用百分数表示,以及取得入土深度为17 mm所对应的含水率,即液限,用百分数表示。

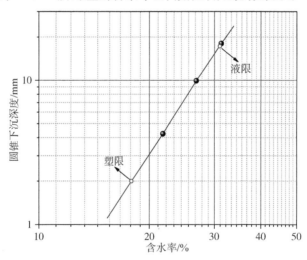

图6-6　含水率与圆锥下沉深度关系曲线图

通过含水率与入土深度的双对数坐标图的曲线关系,知道了液限、塑限,通过塑性指数的定义,即塑限与液限百分数值之差,就可计算出塑性指数的大小,如表6-6所示。

表 6-6   天然地基土的液塑限联合测定法测试数据

液限	塑限	塑性指数
31%	18%	13%

在得知了塑性指数、液限的情况下,根据我国的标准,从图 6-7 中就可判断出天然地基土的类型,即低液限黏土。

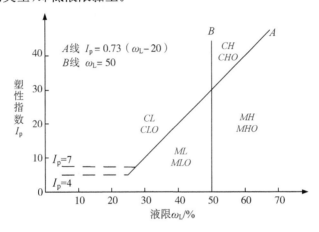

图 6-7   17 mm 液限所对应的塑性图

3) 击实试验

黏性土在不同的含水率下,会有不同的击实性,为了对土基夯实到一个最好的状态,对于天然地基土的击实性进行了测试,击实性主要由干密度确定,从而取适当的天然地基土土样,制备 8 个不同稠度的试样,通过使用击实仪对试样进行相关测定,以及对试验数据的处理,最后绘制出了天然地基土的干密度与含水率的关系曲线图,如图 6-8 所示。通过图中干密度与含水率的关系,就可确定出最大干密度对应的含水率,也就是最优的含水率 17%。

6.2.2 P‐CMOD 曲线

通过数据的采集,记录下了荷载和 CMOD 的数据,取了三组相同试件中结果数据测得最好的数据,通过 Origin 软件对数据进行了整理,绘制了橡胶混凝土梁的 TPB 试验的 P‐CMOD 曲线和地基承载的 P‐CMOD 曲线,如图 6-9 和图 6-10 所示。

从图中可以观察出地基承载试验中的橡胶混凝土梁的承载能力明显高于 TPB 试验中橡胶混凝土梁的承载能力。地基承载试验中尺寸为 400 mm×100 mm×100 mm 和 800 mm×150 mm×100 mm 的橡胶混凝土梁的 P‐CMOD 曲线十分接近,而在 TPB 试验中,不同尺寸梁试件的 P‐CMOD 曲线却有一定的差别,这说明在地基承载条件对尺寸在一定范围内的试件影响很小。

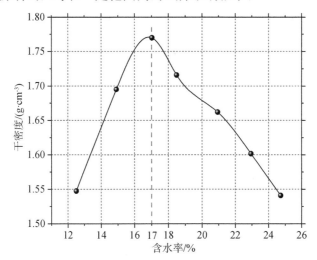

图 6-8　天然地基土的干密度与含水率的关系曲线图

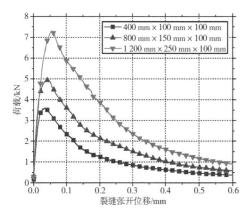

图 6-9　TPB 试验的 $P\text{-}CMOD$ 曲线　　图 6-10　地基承载试验的 $P\text{-}CMOD$ 曲线

6.2.3　断裂能的计算

　　根据断裂力学的相关知识可知,通过橡胶混凝土梁三点试验测得的 $P\text{-}CMOD$ 的关系曲线,可以计算出橡胶混凝土梁的断裂能。在小变形假设成立的情况下,对橡胶混凝土梁进行三点弯试验,如图 6-11 所示。

　　在施加荷载 P 后,橡胶混凝土梁会发生如图 6-12 所示的变形,梁将沿着等效虚拟裂缝的尖端点进行旋转。通过对图形进行分析可以将梁的旋转角近似地表达为式(6-1)。

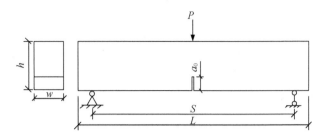

图 6-11   三点弯的受力情况简图

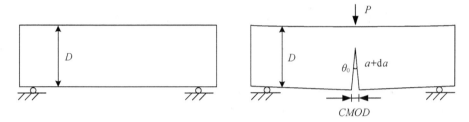

图 6-12   橡胶混凝土梁发生变形的简图

$$\theta = \frac{\text{CMOD}}{a + \text{d}a} \tag{6-1}$$

通过三点弯试验测得的 P - CMOD 曲线可以求得等效虚拟裂缝扩展量 $\text{d}a$，如式(6-2)所示：

$$\text{d}a = \frac{2}{\pi} \times (h + h_0) \times \arctan\left(\sqrt{\frac{E \times t \times \text{CMOD}}{32.6 \times F} - 0.113\,5}\right) - h_0 - a \tag{6-2}$$

其中，h_0 为装置夹式引伸计刀口薄钢板的厚度，单位为 m。F 为所施加荷载大小。t 是单位厚度，这里默认为 1。

式(6-2)中的计算弹性模量 E 可以按照式(6-3)进行计算：

$$E = \frac{1}{t \times C_i} \times \left[3.70 + 32.60 \times \tan^2\left(\frac{\pi \times a_0 + h_0}{2 \times h + h_0}\right)\right] \tag{6-3}$$

式(6-3)中的试件的初始值 C_i(μm/kN)按照式(6-4)进行计算：

$$C_i = \frac{\text{CMOD}_i}{F_i} \tag{6-4}$$

其中，F_i 为 i 时刻所施加给试件的荷载大小。假定荷载 P 所做的功全部作用于裂纹的扩展，不考虑断裂区域外能量的耗散。根据功的定义，可以把外力所做的功用式(6-5)表达。

$$W = \int_0^{\theta_0} (M_1 + M_2)\,\mathrm{d}\theta \tag{6-5}$$

式(6-5)中 M_1 和 M_2 分别表示为荷载 P 在跨中引起的弯矩、橡胶混凝土梁的自重引起的弯矩,用式(6-6)和式(6-7)表示。

$$M_1 = \frac{F \times S}{4} \tag{6-6}$$

$$M_2 = \frac{m \times g \times S}{8} \tag{6-7}$$

然后根据断裂力学中断裂能的定义,可以把断裂能表示为式(6-8)所示。

$$G = \frac{W}{A} = \frac{W}{t \times (h - a_0)} \tag{6-8}$$

根据以上的断裂力学的知识理论,把通过 TPB 试验测得的 P - CMOD 关系曲线的数据代入到以上公式进行计算,即可计算出相应尺寸大小的断裂能。通过 Matlab 进行编程,对以上断裂能进行计算,最后得出了不同尺寸大小的橡胶混凝土梁的断裂能,如表 6-7 所示。

表 6-7　橡胶混凝土梁计算所得的断裂能

试件尺寸 (长×宽×高)/(mm×mm×mm)	1 200×100×250	800×100×150	400×100×100
断裂能/(N·m⁻¹)	124.3	94.1	46.4

6.2.4　基于扩展有限元法的数值模拟

6.2.4.1　扩展有限元的基本原理

1) 单位分解法

单位分解法是扩展有限元位移函数建立的基础,通过在近似位移表达中增加反映裂纹面的不连续函数及反映裂尖局部特性的裂尖渐进位移场函数,其基本思想可以简单概括为空间中任意函数 $\psi(x)$ 都可以用区域内一组局部函数 $N_I(x)\,\phi_I(x)$ 表示,即

$$\psi(x) = \sum_I \left[N_I(x)\,\phi_I(x) \right] \tag{6-9}$$

式(6-9)中,$N_I(x)$ 是有限元形函数,它在求解区域内形成一个单位分解,即域内的任意一点 x,插值形函数应该满足:

$$\sum_I N_I(x) = 1 \tag{6-10}$$

基于形函数具有单位分解的性质,当所求的精确解不光滑时,可以在传统有限元法的位移模式中增加广义的节点自由度和能够反映局部特性的附加函数,间接地模拟局部不连续性,提高数值模拟精度,从而比较方便地求解常规有限元法难以处理的高度震荡性问题,像对于裂纹这种不连续问题子空间,用单位分解法就可以很好地处理这样的不连续问题。

2) 扩展有限元的位移模式

基于插值函数单位分解法的思想,提出了适合描述含裂纹的近似位移插值函数。通过对常规有限元形函数进行改进。其位移函数构造为:

$$\left\{\begin{matrix} u^h(x) \\ v^h(x) \end{matrix}\right\} = \sum_{i\in\Omega} N_i^e(x) \left\{\begin{matrix} u_i^e \\ u_i^e \end{matrix}\right\} \left\{ \sum_{a=1}^{M} \varphi_a(x) a_i^a \right\} \tag{6-11}$$

式中:$N_i^e(x)$ 是有限元形函数,$\varphi_a(x)$ 为改进函数,M 为改进函数的个数。

(1) 裂纹贯穿单元位移模式

如图 6-13 被裂纹贯穿的单元的位移函数为:

$$\left\{\begin{matrix} u(x) \\ v(x) \end{matrix}\right\} = \sum_{i\in I} N_i(x) \left\{\begin{matrix} u_{0i} \\ v_{0i} \end{matrix}\right\} + \sum_{j\in I\cap J} N_j(x) H(x) \left\{\begin{matrix} a_{1j} \\ a_{2j} \end{matrix}\right\} \tag{6-12}$$

式中:I 是此单元所有节点的集合,(u_{0i}, v_{0i}) 是节点 i 的位移向量的连续部分,$N_i(x)$ 是与节点 i 相关的形函数;J 是被裂纹面贯穿单元的节点集合,(a_{1j}, a_{2j}) 是被裂纹贯穿单元的节点改进自由度,$H(x)$ 是 Heaviside 函数,以反映裂纹分割单元的位移不连续性。

广义 Heaviside 函数 $H(x)$ 取值规则为在裂纹上方取 1,在裂纹下方取 -1,即

$$H(x) = \begin{cases} 1, & (x-x^*) \cdot e_n \geqslant 0 \\ -1, & (x-x^*) \cdot e_n < 0 \end{cases} \tag{6-13}$$

其中,x 为域内的任意一点,x^* 是裂纹上靠 x 最近的一点,e_n 为 x^* 处裂纹的单位外法线向量。

(2) 裂缝尖端所在单元的位移模式

如式(6-14)裂纹在单元内部终止而并没有延伸到单元的边上,用 Heaviside 函数改进这类单元将不再准确,为了更加精确地模拟这一类单元(图 6-14),引入了裂缝尖端改进函数,其位移模式为:

$$\left\{\begin{matrix} u(x) \\ v(x) \end{matrix}\right\} = \sum_{i\in I} N_i(x) \left\{\begin{matrix} u_{0i} \\ v_{0i} \end{matrix}\right\} + \sum_{M\in M_{k1}} N_m(x) \left\{ \sum_l^4 \begin{bmatrix} b_{1k}^{l1} \\ b_{2k}^{l1} \end{bmatrix} \Phi_l^1(x) \right\} +$$

$$\sum_{m\in M_{k2}} N_m(x) \left\{ \sum_l^4 \begin{bmatrix} b_{1k}^{l2} \\ b_{2k}^{l2} \end{bmatrix} \Phi_l^2(x) \right\} \tag{6-14}$$

其中，I、(u_{0i},v_{0i})、$N_i(x)$含义同上；M_{k1}与M_{k2}分别表示需要加强的两个裂纹尖端1与2周围的节点集合，若只有一个裂尖，则可从式(6-14)的右边去掉第二项或第三项；$\Phi_l^1(x)$与$\Phi_l^2(x)$分别表示为了反映裂纹尖端单元位移的不连续性而引进的裂纹尖端改进函数，这两个函数表达式相同，对于各向同性弹性体，其表达式如(b_{1k}^{l1}，b_{2k}^{l1})与(b_{1k}^{l2}，b_{2k}^{l2})分别为裂纹尖端单元节点改进自由度。需要说明的是，一个节点不能同时属于裂纹尖端单元和被裂纹贯穿的单元，如两者冲突，则该节点应优先属于裂纹尖端单元。

裂纹尖端函数$\Phi_l(x)$为：

$$\{\Phi_l(r,\theta)\}_{i=1}^4 = \left\{\sqrt{r}\sin\frac{\theta}{2},\sqrt{r}\cos\frac{\theta}{2},\sqrt{r}\sin\frac{\theta}{2}\sin\theta,\sqrt{r}\cos\frac{\theta}{2}\sin\theta\right\} \quad (6\text{-}15)$$

其中，(r,θ)为局部裂纹尖端场坐标系统中的极坐标，第一个函数$\sqrt{r}\sin(\theta/2)$在横穿裂纹时不连续，其余三个函数是连续的。

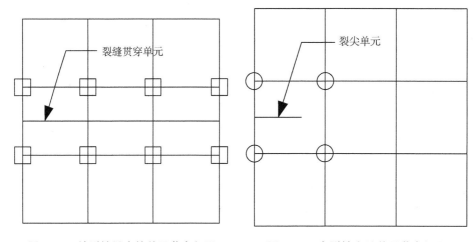

图6-13 被裂缝贯穿的单元节点加强　　图6-14 含裂缝尖端单元节点加强

(3) 含任意裂纹的单元位移模式

任意裂纹的单元网格，被裂纹贯穿的单元应该用式(6-11)，而含有裂纹尖端的单元应该用式(6-14)，含有任意裂纹的有限元离散位移表达为(图6-15)：

$$\begin{Bmatrix}u(x)\\v(x)\end{Bmatrix} = \sum_{i\in I}N_i(x)\begin{Bmatrix}u_{0i}\\v_{0i}\end{Bmatrix} + \sum_{j\in J}N_j(x)H(x)\begin{Bmatrix}a_{1j}\\a_{2j}\end{Bmatrix} + \sum_{m\in M}N_m(x)[L]\begin{Bmatrix}u_m^{tip}\\v_m^{tip}\end{Bmatrix} \quad (6\text{-}16)$$

式中：I为区域内所有离散节点集合，(u_{0i},v_{0i})为连续部分节点位移，$N_i(x)$为常规有限元形函数。J为被裂纹贯穿但不包含裂纹尖端的单元节点集合，$H(x)$为Heaviside函数，(a_{1j},a_{2j})为与$H(x)$相关的节点改进自由度。M为裂纹尖端单元节点集合，$(u_m^{up}, v_m^{up})^T$ 为裂纹尖端改进节点 m 的渐近位移场，$[L]$ 为坐标转换矩阵。

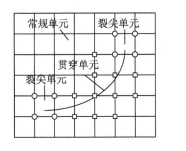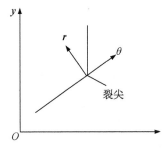

图 6-15 含任意裂缝的单元节点加强

需要说明的是，裂纹贯穿的单元被裂纹分割成部分，如果其中一部分比另一部分大很多时，加强函数 $H(x)$ 在整个域内是常数（1 或 −1），这会导致刚度矩阵发生病态，此时该节点需要从集合 J 中删除。

3）离散方程的建立

与常规有限元一样，将有限元近似位移函数代入虚功方程中，就可以得到离散方程。

$$\boldsymbol{Kd} = \boldsymbol{R} \tag{6-17}$$

式中：$\boldsymbol{K}$ 为整体刚度矩阵，由单元刚度矩阵集成。$\boldsymbol{d}$ 为位移矩阵，$\boldsymbol{R}$ 为荷载矩阵。

$$[k_{ij}^e] = \begin{bmatrix} k_{ij}^{uu} & k_{ij}^{ua} & k_{ij}^{ub} \\ k_{ij}^{au} & k_{ij}^{aa} & k_{ij}^{ab} \\ k_{ij}^{bu} & k_{ij}^{ba} & k_{ij}^{bb} \end{bmatrix} \tag{6-18}$$

其中，

$$[k_{ij}^{rs}] = \int_{\Omega^e} (B_i^j)^T D B_j^s \mathrm{d}\Omega \ (r,s = u,a,b) \tag{6-19}$$

式中：B_i^j 为形函数的偏导数（B_i^u、B_i^a、B_i^b 分别对应常规单元、裂缝贯穿单元、裂缝贯穿单元和裂尖单元），D 为弹性矩阵。具体形式如下：

$$[B_i^u] = \begin{bmatrix} \dfrac{\partial N_i}{\partial x} & 0 \\ 0 & \dfrac{\partial N_i}{\partial y} \\ \dfrac{\partial N_i}{\partial y} & \dfrac{\partial N_i}{\partial x} \end{bmatrix} (i = 1,2,3,4) \tag{6-20}$$

$$[B_i^a] = \begin{bmatrix} \dfrac{\partial(N_iH)}{\partial x} & 0 \\ 0 & \dfrac{\partial(N_iH)}{\partial y} \\ \dfrac{\partial(N_iH)}{\partial y} & \dfrac{\partial(N_iH)}{\partial x} \end{bmatrix} (i=1,2,3,4) \tag{6-21}$$

$$[B_i^b] = \begin{bmatrix} \dfrac{\partial(N_i\Phi_1)}{\partial x} & 0 & \dfrac{\partial(N_i\Phi_1)}{\partial y} \\ 0 & \dfrac{\partial(N_i\Phi_1)}{\partial y} & \dfrac{\partial(N_i\Phi_1)}{\partial x} \\ \dfrac{\partial(N_i\Phi_2)}{\partial x} & 0 & \dfrac{\partial(N_i\Phi_2)}{\partial y} \\ 0 & \dfrac{\partial(N_i\Phi_2)}{\partial y} & \dfrac{\partial(N_i\Phi_2)}{\partial x} \\ \dfrac{\partial(N_i\Phi_3)}{\partial x} & 0 & \dfrac{\partial(N_i\Phi_3)}{\partial y} \\ 0 & \dfrac{\partial(N_i\Phi_3)}{\partial y} & \dfrac{\partial(N_i\Phi_3)}{\partial x} \\ \dfrac{\partial(N_i\Phi_4)}{\partial x} & 0 & \dfrac{\partial(N_i\Phi_4)}{\partial y} \\ 0 & \dfrac{\partial(N_i\Phi_4)}{\partial x} & \dfrac{\partial(N_i\Phi_4)}{\partial y} \end{bmatrix} (i=1,2,3,4) \tag{6-22}$$

d 为节点位移向量，其中包括常规单元结点、裂纹贯穿单元结点、裂纹贯穿单元结点及裂尖单元结点的位移。

$$\boldsymbol{d} = \{u_j \quad a_j \quad b_i^1 \quad b_i^2 \quad b_i^3 \quad b_i^4\}^T \tag{6-23}$$

R 为整体荷载列阵，由各单元等效结点荷载集合而成。

$$[r_i^e] = [r_i^u \quad r_i^a \quad r_i^{b1} \quad r_i^{b2} \quad r_i^{b3} \quad r_i^{b4}]^T \tag{6-24}$$

$$[r_i^u] = \int_\Gamma N_i \bar{t}\, d\Gamma + \int_{\Omega^e} N_i f\, d\Omega + N_i F \tag{6-25}$$

$$[r_i^a] = \int_\Gamma N_i H \bar{t}\, d\Gamma + \int_{\Omega^e} N_i H f\, d\Omega + N_i H F \tag{6-26}$$

$$[r_i^H] = \int_\Gamma N_i \Phi_l \bar{t}\, d\Gamma + \int_{\Omega^e} N_i \Phi_l f\, d\Omega + N_i \Phi_l F (l=1,2,3,4) \tag{6-27}$$

其中，$[r_i^u]$ 为常规单元荷载列阵，$[r_i^a]$ 为被裂纹贯穿单元荷载附加列阵，$[r_i^H]$ 为裂缝尖端单元荷载附加列阵，$\bar{t}$ 为面力，f 为体力，F 为集中力，Γ 为结构的总边界条件。

边界平衡状态图如图 6-16 所示。

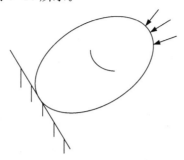

图 6-16　边界平衡状态图

4）应力强度因子的计算

应力强度因子是表示场强的物理量，控制了裂尖的应力场、应变场，也是断裂力学中判断裂纹是否扩展量的重要参数。将 J 积分算法引入 $XFEM$ 计算应力强度因子，相互作用积分的表达式为

$$I = \int_A (\sigma_{ij} u_{i,1}^{aux} + \sigma_{ij}^{aux} u_{i,1} + \sigma_{ik}\varepsilon_{ik}^{aux}\delta_{1j})q_{,j}\mathrm{d}A \tag{6-28}$$

相互作用积分表达应力强度因子为

$$K_1 = \frac{E^*}{2}I_1 \tag{6-29}$$

$XFEM$ 计算断裂时，网格完成独立于裂纹面，不需要在裂尖的尖端处布置高密度的网格，无须满足裂纹面作为单元边、裂尖作为单元节点的要求，简化了前处理，提高了计算效率。不同网格密度对应力强度因子的计算有一定的影响（图 6-17）。

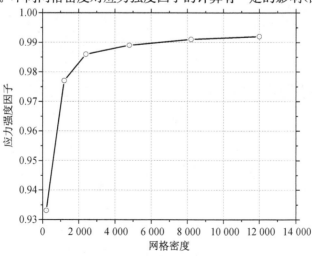

图 6-17　网格密度对应力强度因子的影响

6.2.4.2 数值模型构建

1) TPB 扩展有限元模型

(1) 模型的创建

构建的扩展有限元模型的尺寸与本文中试验的实际尺寸相同,试件选用尺寸分别为 1 200 mm×100 mm×250 mm、800 mm×100 mm×150 mm、400 mm×100 mm×100 mm,缝高比为 0.3,跨高比为 0.75,在跨中的上部施加位移荷载,橡胶混凝土材料的参数由试验测得的参数确定,如表 6-8 所示。

表 6-8　三点弯模型橡胶混凝土的材料属性

模型属性	1 200 mm×100 mm×250 mm	800 mm×100 mm×150 mm	400 mm×100 mm×100 mm
弹性模量 E/GPa	28.6	28.6	28.6
抗压强度 f_{cu}/MPa	26.65	26.65	26.65
抗拉强度 f_t/MPa	1.718	1.718	1.718
断裂能 G_F/(N·m^{-1})	99.597 9	91.505 5	73.466 0
密度/(kg·m^{-3})	2 400	2 400	2 400
损伤准则	MAXS	MAXS	MAXS

在模型中创建一个三维的可变形的部件,对此部件赋予表 6-8 中的属性,模型中施加的荷载为均布荷载,因此在模型中创建了一个刚性的圆柱体部件,将圆柱体部件与橡胶混凝土部件进行装配,在刚性的圆柱体上方的中点处施加集中荷载,也就相当于在橡胶混凝土跨中施加了均布荷载,如图 6-18 所示。

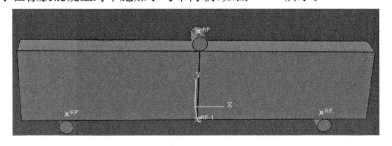

图 6-18　TPB 扩展有限元模型荷载图

模型的网格划分采用的是八结点线性六面体单元,用全局种子进行布种,然后进行网格划分,因为模型采用的扩展有限元模型,对网格的依赖性小,对于裂缝尖端处的网格不需要进行加密。因为常规有限元中裂缝的发展与网格的大小是密切相关的,常规有限元在模拟裂缝扩展时就需要在裂缝尖端布置很密的网格,尺寸的控制的大小也是根据模型裂缝扩展的情况确定的,通过与试验的结果情况进行比对,结合模型输出结果与试验数据的吻合度确定下来。划分完网格后就可以进行模型的计算。

（2）TPB 模型的结果

通过对 3 个不同尺寸大小的 TPB 模型进行建模，并与试验结果进行对比，输出 P - CMOD 曲线，最后可以确定橡胶混凝土材料属性中损伤演化的软化系数以及橡胶混凝土部件网格划分的大小，其中软化系数确定为 2.294，网格划分的大小为全局布种尺寸为 0.015 m。从而确定出项目中橡胶混凝土的设定。

构建的 TPB 扩展有限元模型，对它的模型结果云图进行分析，如图 6-19 和图 6-20 所示，从图中可以观察到模型的最大应力和位移基本是对称的，符合橡胶混凝土梁的受力情况。从图 6-21 所示的不同分析步的最大应力云图也可以观察出在不同分析的时候，裂缝尖端的应力最大，从而也很好地表明了裂缝在裂缝尖端处继续扩展的原因，裂缝一直进行生长直到这个断裂为止。这一点也很好地反映了实际过程的裂缝的扩展规律。

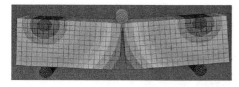 

(a) 400 mm×100 mm×100 mm TPB 模型的位移云图　(b) 1 200 mm×100 mm×250 mm TPB 模型的位移云图

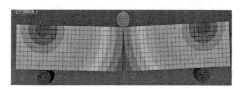

(c) 800 mm×100 mm×150 mm TPB 模型的位移云图

图 6-19　模型的位移云图

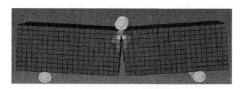 

(a) 400 mm×100 mm×100 mm TPB 模型的最大主应力云图

(b) 1 200 mm×100 mm×250 mm TPB 模型的最大主应力云图

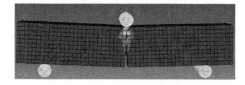

(c) 800 mm×100 mm×150 mm TPB 模型的最大主应力云图

图 6-20　模型的最大主应力云图

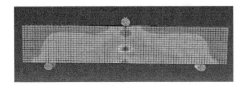

(a) 尺寸为1 200 mm×100 mm×250 mm的裂缝
扩展过程第20分析步的最大主应力云图

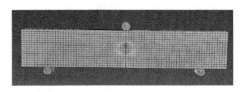

(b) 尺寸为1 200 mm×100 mm×250 mm的裂缝扩展
过程第50分析步的最大主应力云图

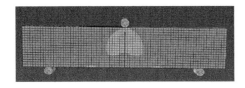

(c) 尺寸为1 200 mm×100 mm×250 mm的裂缝
扩展过程第100分析步的最大主应力云图

(d) 尺寸为1 200 mm×100 mm×250 mm的裂缝扩展
过程第200分析步的最大主应力云图

图6-21 不同分析步的最大应力云图

2）地基承载的橡胶混凝土梁的扩展有限元模型

（1）地基承载模型的创建

在TPB扩展有限元模型构建完成的基础上,已经对橡胶混凝土材料参数属性和网格划分大小的设定进行了确定,因此在地基承载模型中就只需要对土体材料和橡胶混凝土与地基之间的接触进行确定。通过液塑限联合测定法测定所采用的地基土为黏性土,根据土力学知识对黏土的介绍可知,黏土的破坏可以采用莫尔—库伦破坏准则,关于黏土的莫尔—库伦理论,主要就是需要确定下来黏土材料的摩擦角以及黏聚力,从而就可以确定土体材料破坏的条件,而关于地基土的黏聚力和摩擦角一般需要现场勘查测得,本文未对地基土进行现场勘查,而是通过有关土体参数的相关规范,查找了黏土的相关参数的设定范围,通过构建的模型的输出结果与试验结果的对比与吻合,对土体材料进行了设定,对橡胶混凝土与土体之间的接触进行设定,即橡胶混凝土的边界条件,法向方向采用的是硬接触,切向方向是摩擦作用。通过调节确定了摩擦公式为罚的形式,摩擦系数为0.15。相关的材料属性设定如表6-9所示。

在模型中创建两个三维的可变形的部件,一个赋予橡胶混凝土材料的属性,一个赋予土体材料的属性。模型中施加的荷载为均布荷载,因此在模型中创建了一个刚性的圆柱体部件,将圆柱体部件与橡胶混凝土部件进行装配,在刚性的圆柱体上方的中点施加集中荷载,也就相当于在橡胶混凝土跨中施加了均布荷载,如图6-22所示。

表 6-9　地基承载的扩展有限元模型的材料属性

材料类型	模型属性	1 200 mm×100 mm×250 mm	800 mm×100 mm×150 mm	400 mm×100 mm×100 mm
橡胶混凝土	弹性模量 E/GPa	28.6	28.6	28.6
	抗压强度 f_{cu}/MPa	26.65	26.65	26.65
	抗拉强度 f_t/MPa	1.718	1.718	1.718
	断裂能 G_F/(N·m^{-1})	99.597 9	91.505 5	73.466 0
	混凝土密度/(kg·m^{-3})	2 400	2 400	2 400
	软化段系数	2.294	2.294	2.294
	损伤准则	MAXS	MAXS	MAXS
黏土地基	密度/(kg·m^{-3})	1 700	1 700	1 700
	凝聚力屈服应力/MPa	4 100	4 100	4 100
	摩擦角/(°)	18.1	18.1	18.1
	膨胀角/(°)	14	14	14

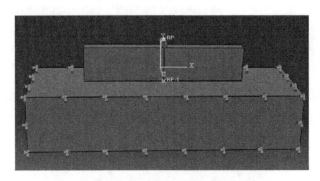

图 6-22　地基承载扩展有限元模型荷载图

　　模型中对橡胶混凝土部件采用 TPB 模型的网格大小进行划分,对于土体材料,通过模型计算的准确性和计算时间的长短来确定,最后确定为采用八结点线性六面体单元,用全局种子进行布种,布种的尺寸控制大小为 0.04 mm,然后进行网格划分。划分完网格之后就可以进行模型的计算。

(2)地基承载模型的结果

通过对 3 个尺寸大小的橡胶混凝土材料部件进行计算,输出 P-CMOD 曲线,并与试验结果进行对比,最后可以确定橡胶混凝土梁的边界条件。构建的地基承载的扩展有限元模型的最大主应力云图和总位移云图如图 6-23 和图 6-24 所示,从图中可以明显地观察到最大应力和位移基本是左右对称的,这与橡胶混凝土梁的受力情况是符合的。图中只有截取部分土基,因为试验中土基的尺寸为 2 000 mm×700 mm×400 mm(长×宽×高),模型土基尺寸中与实际尺寸一样,与混凝土梁相比要大很多,截取整个模型的话,不容易观察情况橡胶混凝土的裂缝张开情况。

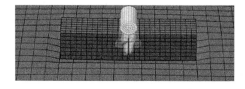

(a) 400 mm×100 mm×100 mm 地基承载模型
最大主应力云图

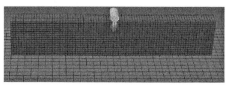

(b) 1 200 mm×100 mm×250 mm 地基承载模型
最大主应力云图

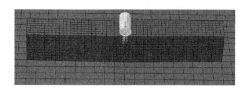

(c) 800 mm×100 mm×150 mm 地基承载模型最大主应力云图

图 6-23 最大主应力云图

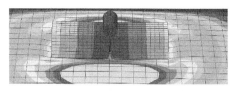

(a) 400 mm×100 mm×100 mm 地基承载模型
总位移云图

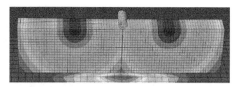

(b) 1 200 mm×100 mm×250 mm 地基承载
模型总位移云图

(c) 800 mm×100 mm×150 mm 地基承载模型的总位移云图

图 6-24 总位移云图

3）模型与试验结果分析

通过 Abaqus 进行建模，与试验结果进行吻合，最后构建出 TPB 扩展有限元模型和地基承载的扩展有限元模型，并把模型的 P 和 CMOD 数据输出，通过 Origin 软件进行处理和绘制，并与试验所得的试验数据曲线进行对比，为了方便观察试验数据与模型的数据之间的误差，如图 6-25 和图 6-26 所示，可以看出 TPB 试验和地基承载试验的试验数据与模型输出的数据基本都是吻合。

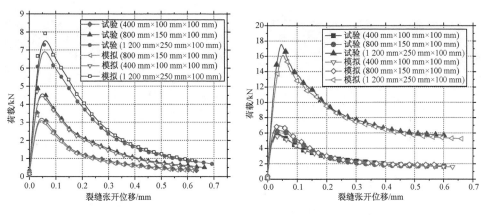

图 6-25　TPB 模拟图　　　　　　图 6-26　地基承载模拟图

6.2.4.3　橡胶混凝土板状结构预测模型的建立

在以上模型和试验的基础上，得知了橡胶混凝土材料属性的设定，以及橡胶混凝土边界条件的确定，在已知这两个条件的情况下，就可以通过使用橡胶混凝土板状结构的尺寸进行扩展有限元的模型的构建，来预测橡胶混凝土板状结构的断裂过程，以及断裂过程中的一些力学性能。通过 Abaqus 软件，构建了不同加载工况、不同尺寸大小、不同裂缝类型的扩展有限元模型，模型的结果云图如图 6-27 所示。

6.2.5　断裂预测模型的验证试验

为了验证构建的预测模型对于不同工况下的橡胶混凝土都能准确预测，本研究开展了不同工况下的橡胶混凝土板状结构断裂试验。通过以上试验，记录下了相关的 P-CMOD 数据，把试验测得的数据与预测模型输出的 P-CMOD 曲线进行对比，用 Qrigin 软件对其进行绘图，绘制出如图 6-28 所示的图形，图形中可以发现试验所测得的曲线与预测模型输出的曲线基本吻合。图中试验 1 的试件尺寸为 560 mm×500 mm×100 mm，试验 2 的尺寸为 560 mm×500 mm×150 mm。

 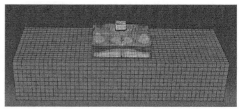

(a) 560 mm×500 mm×150 mm 模型的最大应力云图　(b) 560 mm×500 mm×150 mm 模型的最大应力云图

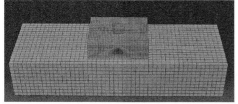 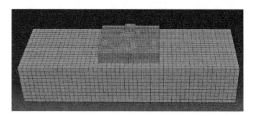

(c) 560 mm×500 mm×100 mm 模型的最大应力云图　(d) 560 mm×500 mm×100 mm 模型的最大应力云图

图 6-27　模型的结果云图

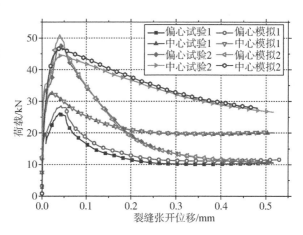

图 6-28　试验与模型的 P-CMOD 对比图

6.3　橡胶混凝土板状结构的疲劳力学特性

6.3.1　试验方案

6.3.1.1　加载工况

橡胶混凝土板的尺寸为 500 mm×560 mm×100 mm(长×宽×高),预制了缝高比为 0.4 的横向贯穿裂缝。一共有 21 块板的试样,其中 3 块用作单调加载试验,18 块用作疲劳加载试验。

6.3.1.2 单调加载试验

为了确定疲劳弯拉试验的最小和最大疲劳应力,对橡胶混凝土板进行了三次单调加载试验,单调试验是在 CMOD 的控制下加载的,其加载速率为 0.005 mm/s,典型的单调 P-CMOD 曲线如图 6-29 所示。

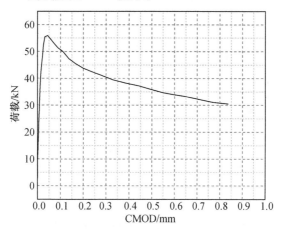

图 6-29 单调加载下典型 P-CMOD 曲线

6.3.1.3 疲劳加载试验

由单调试验确定橡胶混凝土板的弯拉峰值荷载后,在荷载控制下开展橡胶混凝土板循环加载试验,试件在疲劳荷载作用下从开始到破坏的循环次数为其疲劳寿命 N。在常幅循环荷载作用下,橡胶混凝土梁的断裂是一个很长的试验过程,把 200 万次循环加载作为试验的上限。因此无论试件破坏还是疲劳寿命达到设定值,疲劳试验就会终止。

单调试验确定橡胶混凝土板的弯拉峰值荷载为 56 kN,疲劳试验的应力水平均选为 0.85。疲劳试验的加载频率分别为 0.5 Hz 和 1 Hz,应力比分别为 0.2、0.3 和 0.4,其加载工况有 6 种,如图 6-30 所示。疲劳加载下典型的 P-CMOD 曲线如图 6-31 所示。

疲劳断裂的断裂面如图 6-32 所示。从图中可以看出,断裂面的橡胶颗粒基本都是完整的,没有产生断裂的现象,而是从混凝土的断裂面的另外一端脱落下来。这是因为橡胶颗粒承受变形的能力比混凝土的变形能力强,混凝土破坏时的变形不足以使橡胶发生破坏,混凝土变形达到破坏状态时,橡胶颗粒还可以继续变形,直到橡胶颗粒和混凝土之间的黏结力达到极值,橡胶颗粒从混凝土中脱落,此时橡胶混凝土才完全断裂。

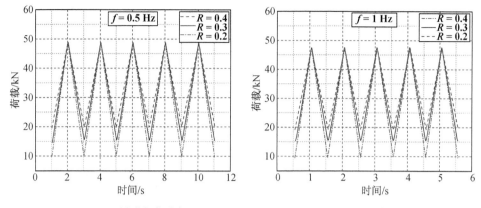

（a）0.5 Hz下疲劳加载形式   （b）1 Hz下疲劳加载形式

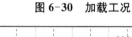

图 6-30　加载工况

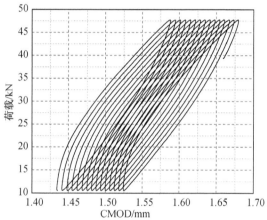

图 6-31　疲劳加载下典型的 P-CMOD 曲线

图 6-32　疲劳加载下橡胶混凝土板状结构断裂面图

6.3.1.4　声发射试验

为了了解橡胶混凝土的裂缝扩展行为,本研究采用声发射技术监测了不同加载频率和不同应力比的循环荷载下的混凝土内部的声发射信号。数据采集使用美国物理声学公司生产的全天候结构健康监测系统,型号为 Sensor Highway Ⅱ。橡胶混凝土板试件上声发射探头的具体位置如图 6-33 所示。

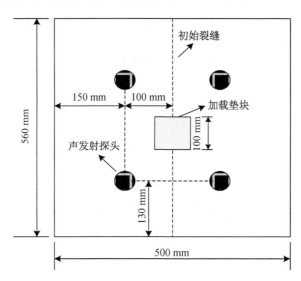

图 6-33　橡胶混凝土试件声发射探头布置图

6.3.2　疲劳寿命预测模型建立

Griffith 提出能量释放的观点,得到能量释放率的公式如下:

$$G = \lim_{\Delta a \to 0} \frac{1}{B} \frac{U_1}{\Delta a} = \frac{1}{B} \frac{\partial U_1}{\partial a} \qquad (6-30)$$

式中:U_1 为总的附加应变能,B 为截面厚度,a 为裂缝长度。对式(6-30)进行计算分析,取裂缝尖端坐标为原点,r、θ 为极坐标,如图 6-34 所示。使用弹性力学的方法进行计算可以得到裂尖区域内任意一点 $M(r,\theta)$ 处的应力分量和位移分量(仅考虑Ⅰ型裂缝)。

其中Ⅰ型尖端区的应力场如式(6-31)~式(6-33)所示,其中 K_{I} 为应力强度因子,σ_x、σ_y、τ_{xy} 分别为裂尖区域内任意一点 M 的 x 方向的正应力、y 方向的正应力和切应力。

$$\sigma_x = \frac{K_{\text{I}}}{\sqrt{2\pi r}} \cos \frac{\theta}{2} \left(1 - \sin \frac{\theta}{2} \sin \frac{3\theta}{2}\right) \qquad (6-31)$$

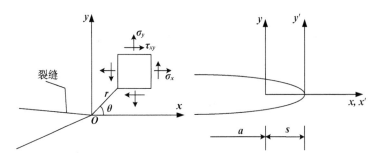

图 6-34　裂纹尖端应力状态

$$\sigma_y = \frac{K_{\mathrm{I}}}{\sqrt{2\pi r}}\cos\frac{\theta}{2}\left(1+\sin\frac{\theta}{2}\sin\frac{3\theta}{2}\right) \tag{6-32}$$

$$\tau_{xy} = \frac{K_{\mathrm{I}}}{\sqrt{2\pi r}}\sin\frac{\theta}{2}\cos\frac{\theta}{2}\cos\frac{3\theta}{2} \tag{6-33}$$

Ⅰ型尖端区的位移场如式(6-34)~式(6-35)所示,其中 μ 是泊松比,k 为材料弹性系数,u、v 分别为裂尖区域内任意一点 M 的水平和垂直位移。

$$2\mu u = K_{\mathrm{I}}\left(\frac{r}{2\pi}\right)^{\frac{1}{2}}\left[(k-1)+2\sin^2\frac{\theta}{2}\right]\cos\frac{\theta}{2} \tag{6-34}$$

$$2\mu v = K_{\mathrm{I}}\left(\frac{r}{2\pi}\right)^{\frac{1}{2}}\left[(k+1)-2\sin^2\frac{\theta}{2}\right]\sin\frac{\theta}{2} \tag{6-35}$$

假设不考虑其他能量的损耗,则能量转化的过程即为将所有能量释放在裂端,从而形成新的裂纹面积。则总的附加应变能 U_1 可以用式(6-36)表示:

$$U_1 = 2\int_0^s \frac{\sigma(r,0)v(s-r,\pi)}{2}B\mathrm{d}r = \frac{B\left[K_{\mathrm{I}}\right]_a\left[K_{\mathrm{I}}\right]_{a+s}(k+1)s}{8\mu} \tag{6-36}$$

当 $s\to 0$ 时,有 $[K_{\mathrm{I}}]_{a+s}\to[K_{\mathrm{I}}]_a$,则Ⅰ型能量释放率 $G=\dfrac{K_{\mathrm{I}}^2}{E'}$。在平面应力条件下,$E'$ 就是杨氏模量 E;在平面应变条件下,E' 等于 $E/(1-\mu^2)$;K_{I} 等于 $\Delta K/(1-R)$。

混凝土板状结构的断裂所释放的能量可以近似地用式(6-37)表示:

$$J = G\times t\times a \tag{6-37}$$

式中:t 为板厚,a 为裂缝长度。假定声发射测得的能量 U 与能量释放量 J 成比例,则累积声发射绝对能量率与裂缝扩展速率之间的关系可以用式(6-38)表示。其中 C 是比例常数,N 是荷载的循环次数。

$$\frac{\mathrm{d}U}{\mathrm{d}N} = \frac{Ct}{E'} \times \frac{\Delta K^2}{(1-R)^2} \times \frac{\mathrm{d}a}{\mathrm{d}N} \qquad (6\text{-}38)$$

式中：R 为裂缝扩展阻力。裂缝的发展分为两个阶段：减速阶段（$a < a_c$）和加速阶段（$a \geqslant a_c$）。Subramaniam 等得出了减速阶段的相关表达式，如式(6-39)所示。

$$\frac{\mathrm{d}a}{\mathrm{d}N} = C_1 (a - a_0)^{n_1} \qquad (6\text{-}39)$$

由上式可以计算出加速阶段循环加载次数和裂缝长度的关系，如式(6-40)所示。

$$N_{\mathrm{decc}} = \int_{a_0}^{a_c} \frac{1}{C_1 (a - a_0)^{n_1}} \mathrm{d}a \qquad (6\text{-}40)$$

Paris 公式定义了加速阶段裂缝发展速率的规律，如式(6-41)所示。

$$\frac{\mathrm{d}a}{\mathrm{d}N} = C_2 (\Delta K)^{n_2} \qquad (6\text{-}41)$$

由式(6-38)和式(6-41)可得：

$$\frac{\mathrm{d}U}{\mathrm{d}N} = \frac{Ct}{E'} \times \frac{\Delta K^2}{(1-R)^2} \times C_2 (\Delta K)^{n_2} = \frac{Ct C_2}{E' (1-R)^2} (\Delta K)^{2+n_2} \qquad (6\text{-}42)$$

加速阶段声发射绝对能量率与裂缝扩展速率之间的关系，如下：

$$\frac{\mathrm{d}a}{\mathrm{d}N} = C_2 \left[\frac{E' (1-R)^2}{Ct C_2} \frac{\mathrm{d}U}{\mathrm{d}N} \right]^{\frac{n_2}{2+n_2}} = D \left[\frac{\mathrm{d}U}{\mathrm{d}N} \right]^q \qquad (6\text{-}43)$$

其中：

$$D = C_2 \left(\frac{E' (1-R)^2}{Ct C_2} \right)^{\frac{n_2}{2+n_2}} \qquad (6\text{-}44)$$

$$q = \frac{n_2}{2+n_2} \qquad (6\text{-}45)$$

对式(6-44)进行简化，$D \left(\frac{\mathrm{d}U}{\mathrm{d}N} \right)^q$ 用 $U_{\mathrm{AE}}(N)$ 代替，累积声发射绝对能量率与裂缝扩展速率的关系式即可用式(6-46)表示：

$$\frac{\mathrm{d}a}{\mathrm{d}N} = U_{\mathrm{AE}}(N) \qquad (6\text{-}46)$$

使用辛普森公式对上式进行积分。表达式如下：

$$\int_{a_c}^{a} \mathrm{d}a = \int_{N_0}^{N_{\mathrm{acc}}} U_{\mathrm{AE}}(N) \mathrm{d}N \qquad (6\text{-}47)$$

$$a - a_c = \frac{h}{2}\left[U_{AE}(N_0) + 2\sum_{k=1}^{n-1}U_{AE}(N_k) + U_{AE}(N_n)\right] \quad (6\text{-}48)$$

因为 $U_{AE}(N)$ 可以通过声发射测试获得,加速阶段的裂缝长度和疲劳寿命的关系即可由上式获得。裂缝长度也可以通过有限元法和试验获得,最终疲劳寿命为减速阶段和加速阶段的总和为:

$$N_{fatigue} = N_{decc} + N_{acc} \quad (6\text{-}49)$$

6.3.3　模型验证

为了确定有效裂缝长度在每个循环荷载周期下的变化,根据疲劳试验的 $P\,\text{-}\,$CMOD 曲线,每个循环周期的柔度通过式(6-50)计算得到。

$$c_i = \frac{(\text{CMOD}_{max}^i - \text{CMOD}_{min}^i)}{(P_{max}^i - P_{min}^i)} \quad (6\text{-}50)$$

柔度的变化分为三个阶段:循环加载初期,柔度会很快增加到一个较小的值;循环加载中期,柔度在很长的一个时间段内基本不发生任何改变;当达到一定循环次数时,柔度将会快速增长直至破坏。如图 6-35 所示。

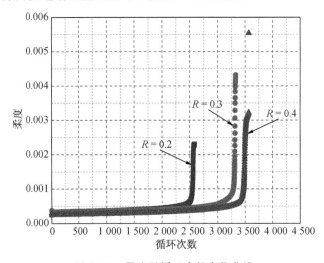

图 6-35　柔度随循环次数变化曲线

板的有效裂缝长度和柔度之间的关系可以通过 Abaqus 中有限单元模型的建立获得。该模型假设裂纹在板内的传播是从板的底部初始裂缝尖端开始,均匀地在板内传播。混凝土板的贯通裂缝沿对称线增长的假设与实验中观察到的实际裂缝路径基本一致,如图 6-36 所示的混凝土板实际裂缝。

图 6-36　橡胶混凝土板实际裂缝

　　模型以实测混凝土弹性模量和泊松比作为混凝土材料性能指标,采用上节的地基土材料参数作为地基土的材料性能指标,橡胶混凝土板的基本情况如图 6-37 所示。

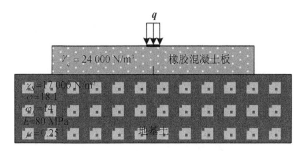

图 6-37　橡胶混凝土板试验基本参数

　　混凝土的有限元网格采用 C3D20R,单元平均尺寸为 25 mm×25 mm×6 mm。地基土进行了平衡的应力处理,地基土的有限元网格采用 C3D8R,单元平均尺寸为 35 mm×35 mm×40 mm。构建的模型如图 6-38 所示。

　　柔度用式(6-51)进行归一化处理。当裂纹长度为初始长度时,标准化的柔度等于1。通过有限元法获得了裂纹长度与归一化的柔度的关系曲线,如图 6-39 所示。用最小二乘法对曲线的数据进行了拟合,得到了有效裂纹长度和归一化柔度之间的关系,如式(6-52)所示。

$$c_i^{nor} = \frac{c_i}{c_1} \tag{6-51}$$

$$a = -0.080\,72 \times (C^{nor})^4 + 1.878 \times (C^{nor})^3 - 15.32 \times (C^{nor})^2 + 56.16 \times (C^{nor}) - 7.771 \tag{6-52}$$

　　已知裂缝长度和归一化柔度之间数学关系的条件下,将试验计算得到的归一

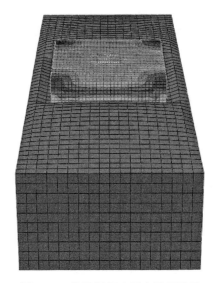

图 6-38　橡胶混凝土板有限元模型

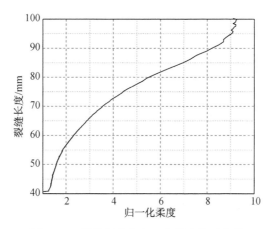

图 6-39　裂缝长度和归一化柔度关系曲线

化柔度代入式(6-52)，即可得到裂缝长度与循环加载次数的关系，如图 6-40 所示。

　　裂缝的扩展速率由式(6-53)计算得到。裂缝的扩展速率与裂缝长度的关系曲线如图 6-41 所示，可以看出裂缝的扩展速率随着裂缝的增加分为两个阶段，第一个阶段是随着裂缝的增长，裂缝的扩展速率降低；第二阶段是随着裂缝的增长，裂缝的扩展速率增加。两个阶段的裂纹长度的临界点被定义为临界有效裂纹长度。

$$\frac{\mathrm{d}a}{\mathrm{d}N} = \frac{a_i - a_j}{i - j} \tag{6-53}$$

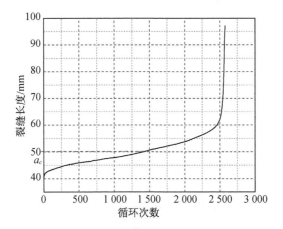

图 6-40　裂缝长度和疲劳加载次数关系曲线

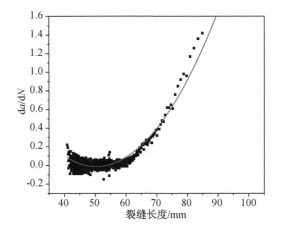

图 6-41　裂缝长度和裂缝扩展速率关系曲线

减速阶段裂缝扩展速率与裂缝长度之间的关系可以用式(6-54)表示,其中 C_1、n_1 是试验数据拟合得到的参数。

$$\log\left(\frac{da}{dN}\right) = \log(C_1) + n_1\log(a - a_0) \tag{6-54}$$

加速阶段裂缝扩展速率与应力强度因子的变量之间的关系用式(6-41)表示。疲劳裂纹扩展的加速阶段取决于应力强度因子的变化。对于任意给定的结构,在平面应力状态下,能量释放率 G 可以写成式(6-55)。

$$G = -\frac{\partial U_1}{\partial a}\frac{1}{B} = \frac{P^2}{Eb^2d}g(\alpha) \tag{6-55}$$

其中,E 为弹性模量;P 为外荷载;b 为试件厚度;d 为试件高度;a 为裂缝长度;

$g(\alpha)$ 为试件的几何形状函数。对于Ⅰ型裂缝问题,能量释放率 G 与应力强度因子间存在关系式 $G = \dfrac{K_{\mathrm{I}}^2}{E'}$,则式(6-55)等价为:

$$K_{\mathrm{I}} = \frac{P}{b\sqrt{d}} f(\alpha) \tag{6-56}$$

其中,$f(\alpha)$ 和 $g(\alpha)$ 的表达式可以通过线弹性有限单元法计算得到。应力强度因子为荷载和裂缝长度的函数,因此,需要建立不同裂纹长度的应力强度因子与施加荷载 P 之间的关系。利用裂纹尖端的围道积分确定 J 积分,从有限元模型中计算了应力强度因子。为了保证围道积分收敛,裂缝尖端采用四分之一节点的C3D20R 块状单元。计算各裂纹长度对应的应力强度因子。将有限元模型得到的应力强度因子与裂纹长度进行处理,对应力强度因子进行标准化(K_{I}/P)。将标准化的(K_{I}/P)与对应的裂纹长度的数据进行绘制,如图 6-42 所示。标准化的(K_{I}/P)与对应的裂纹长度的数据拟合的表达式见式(6-57)。

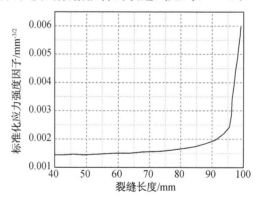

图 6-42　标准化应力强度因子与裂缝长度关系曲线

$$K_{\mathrm{I}}/P = 0.001\,439 \times \mathrm{e}^{(0.000\,775\,7a)} + 6.681 \times 10^{-17} \times \mathrm{e}^{(0.321\,2a)} \tag{6-57}$$

$$R^2 = 0.987\,6$$

对式(6-57)进行处理可以得到应力强度因子变化的表达式,如式(6-58)所示。

$$\Delta K_{\mathrm{I}} = (P_{\max} - P_{\min})\big[0.001\,439 \times \mathrm{e}^{(0.000\,775\,7a)} + 6.681 \times 10^{-17} \times \mathrm{e}^{(0.321\,2a)}\big] \tag{6-58}$$

加速阶段裂缝扩展速率与应力强度因子变化之间的关系可以用式(6-58)表示,其中 C_2、n_2 是试验数据拟合得到的参数。

$$\log\left(\frac{\mathrm{d}a}{\mathrm{d}N}\right) = \log(C_2) + n_2 \log(\Delta K_{\mathrm{I}}) \tag{6-59}$$

由式(6-42)可得知,累积声发射绝对能量率与应力强度因子变化的关系可用式(6-60)表示。

$$\log\left(\frac{\mathrm{d}U}{\mathrm{d}N}\right) = \log(C_3) + n_3 \log(\Delta K_{\mathrm{I}}) \qquad (6\text{-}60)$$

声发射技术测得的声发射绝对能量数据如图 6-43 和图 6-44 所示。图 6-44 中可以找到临界的声发射绝对能量,这与临界的有效裂缝长度是一致的,代表的是同一个临界状态。从图中也可以看出累计声发射绝对能量率与裂缝扩展速率一样分为两段。其中 C_3、n_3 可以通过声发射测得的数据与对应的应力强度因子变化的数据拟合获得。

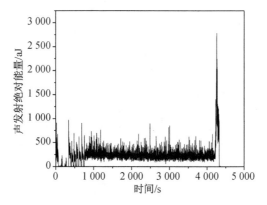

图 6-43　声发射绝对能量与时间变化曲线

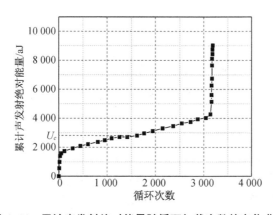

图 6-44　累计声发射绝对能量随循环加载次数的变化曲线

结合减速阶段和加速阶段的循环加载次数分析,可以得到预测的疲劳寿命模型,如式(6-61)所示。

$$N = \int_{a_0}^{a_c} \frac{1}{C_1 (a - a_0)^{n_1}} \mathrm{d}a +$$

$$\int_{U_c}^{U} \frac{1}{C_3 \left\{ (P_{\max} - P_{\min}) \left[0.001\,439 \times \mathrm{e}^{(0.000\,775\,7a)} + 6.681 \times 10^{-17} \times \mathrm{e}^{(0.321\,2a)} \right] \right\}^{n_3}} \mathrm{d}U$$

$$(6\text{-}61)$$

根据式(6-61)可以分别计算出减速阶段和加速阶段的循环加载次数,以及总的疲劳寿命,如表 6-10 所示。减速阶段是对裂缝长度进行积分,加速阶段是对累计声发射绝对能量进行积分。从表中可以观察出声发射测量的数据预测的效果更加接近真实值。预测模型的预测值与真实值比较吻合。应力比和加载频率都会影响疲劳寿命。随着应力比和加载频率的增大,疲劳寿命增加。

表 6-10 橡胶混凝土板状结构疲劳寿命表

频率		0.5 Hz			1 Hz		
应力比		0.2	0.3	0.4	0.2	0.3	0.4
试验值	N_{decc}	848	1 096	1 505	893	1 486	1 680
	N_{acc}	827	1 069	1 660	872	997	1 644
	总寿命	1 675	2 165	3 165	1 765	2 483	3 324
预测值	N_{decc}	830	1 415	1 694	1 070	1 556	1 653
	N_{acc}	829	1 036	1 627	854	976	1 628
	总寿命	1 659	2 451	3 321	1 924	2 532	3 281
误差/%		1.2	13.2	4.9	9.0	2.0	−1.3

6.3.4 声发射特性分析

声发射撞击是指通过门槛值并导致一个系统通道累计数据的任意声发射信号。声发射撞击数的分布能够反映单位时间内损伤源的活跃程度。橡胶混凝土板内部 AE 撞击数分布随时间的变化如图 6-45 所示。在初始阶段,数据显示有较明显的峰值。这是由于橡胶混凝土板在循环荷载初期受到弯拉应力的影响会产生较多的裂纹。这说明,在同一个荷载幅值的动荷载作用下,循环加载初期对试件造成的损伤较大。加载中期比较稳定,AE 撞击数的幅值在 500 左右。加载到最后阶段,AE 撞击数分布的峰值也随之变得极高,此刻橡胶混凝土板内部产生极大损伤,直至脆断破坏。AE 撞击数变化过程大概可分为三个阶段。在第一阶段,试件处于微裂纹扩展状态,AE 撞击数幅值相对较大。第二阶段,裂纹处于稳定扩展状态,AE 撞击数幅值相对较小且稳定。第三阶段,裂纹处于失稳破坏阶段,AE 撞击数幅值极大。用式(6-62)计算得到的损伤系数可以表征橡胶混凝土板内部损伤的情况,如图6-46所示。D_{EA}随着时间的变化分为三个阶段,快速增长一缓慢增长一快速增长。

$$D_{EA} = \frac{N_{hits}}{N_{tol\_hits}} \tag{6-62}$$

其中,D_{EA}是以 AE 参数定义的损伤指数;N_{hits}是一个循环周期内累计的 AE 撞击数;N_{tol_hits}是整个加载过程中累计的 AE 撞击数。

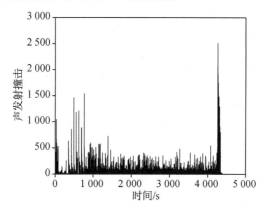

图 6-45　声发射命中随时间的变化

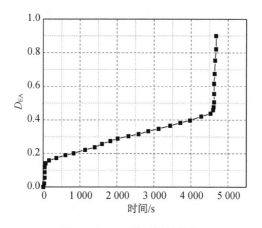

图 6-46　D_{EA}随时间的变化

在混凝土声发射研究中,另外一个与声发射分形特征密切相关的参数是震级-频度关系式中的 b 值。b 值随时间的差异变化,反映了混凝土内部微裂纹尺度的变化情况。人们把混凝土受力破坏中的声发射(AE)事件当作地震活动(微震),通过研究不同条件下混凝土损伤破坏过程中 AE 的 b 值变化规律,揭示混凝土失稳破坏的前兆特征。

对于频率较低的 AE 事件,其幅值较高,相反频率高的 AE 事件幅值较低。Richter 通过计算幅值分布斜率也就是 b 值,来统计 AE 事件的幅值分布规律,如式(6-63)所示。根据最小二乘法拟合来获得 b 值。

$$\log_{10} N = a - b\log_{10} A_{mV} \qquad (6\text{-}63)$$

式中:N 为 AE 信号峰值幅值大于 A_{mv} 时的累计 AE 事件数,A_{mv} 为声发射事件幅值,单位为 mV;a 为常数,表征根据式(6-63)拟合所得到直线在 y 轴上的截距;b 为不同幅值的 AE 事件分布斜率。

循环荷载中 b 值变化规律如图 6-47 所示。试验结果表明,对于不同的加载频率和应力比的加载工况,b 值的变化趋势基本一致。b 值反映了裂纹增长的情况,b 值的快速增加表示在加载期间主要是形成的小尺度的裂纹;b 值在一定范围内波动,表示微裂纹破裂状态稳定,裂纹缓慢变化;b 值的快速减小,表示在加载期间主要产生大尺度的裂纹。在循环荷载初期,b 值在 1.2~1.6 的范围内有一次波动后,b 值增加到了 2.0,这是由于在裂纹尖端产生了应力集中,从而以初始大尺度裂纹为轴心产生了一系列翼型微裂纹,这些微裂纹的数量比加载过程中大尺度裂纹要多,从而释放的振幅值较小的声发射数要大于在形成大尺度裂纹时释放的声发射。在循环荷载中后期,b 值主要是在 1.8~2.4 的范围内波动,但在中间过程中,b 值会有一个突然地减少,说明在中后期阶段,裂纹的扩展大体来说比较稳定的,不过在微裂纹发展到一个稳定阶段后会有出现一次大尺度裂纹的产生,此后裂纹又趋于稳定。最后 b 值的突降,直到宏观裂纹的形成,试件突然破坏。

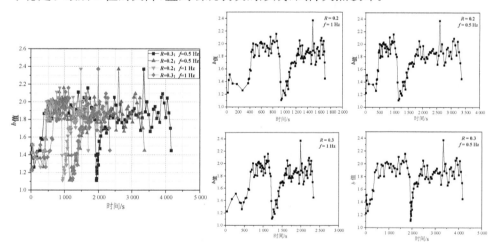

图 6-47　不同应力比和加载频率时 b 值随时间的变化

从图 6-47 中可以看出,应力比和加载频率对橡胶混凝土板内部裂缝的发展都有影响。在应力比相同的情况下,加载频率增加,循环加载的时间变短,但是疲劳寿命会增加。在加载频率相同的情况下,应力比越大,裂纹发展得越缓慢,裂纹稳定扩展的时间越长。

6.4 本章小结

本章模拟实际地基加载工况,针对橡胶混凝土板状构件开展了断裂和疲劳试验,构建了橡胶混凝土板状构件的扩展有限元模型,探究了不同应力比和荷载频率对疲劳特性的影响,并结合声发射技术监测了板状结构裂缝扩展过程,主要得出以下结论:

(1)基于预制裂缝的橡胶混凝土梁的三点弯和地基承载断裂试验结果,结合Abaqus软件,确定了橡胶混凝土扩展有限元模型构建参数和条件。基于以上设定,建立了橡胶混凝土板状结构的扩展有限元模型,并通过橡胶混凝土板状结构的实际断裂加载试验进行了验证,结果发现预测模型对于不同尺寸、不同裂缝类型以及不同加载位置的橡胶混凝土板状结构的预测都比较准确。

(2)基于 Paris 公式和试验数据,构建了预测橡胶混凝土板疲劳寿命的改进数学模型。该模型对于不同的加载频率和应力比的工况均适用,且预测的结果值与实际值相差很小,可以应用于实际工程中。分析疲劳荷载作用下橡胶混凝土板状构件内部的声发射信号,通过声发射的振铃计数、能量和 b 值变化规律可将板状结构的破坏划分为裂缝尖端微裂纹形成—过渡段—失稳破坏三个阶段。且应力比越大,橡胶混凝土板裂纹发展得越缓慢,疲劳寿命也变长;加载频率越快,疲劳寿命越长。

参考文献

[1] ABAQUS Version 6. 7, User documentation, Dessault systems [Z]. 2007.

[2] Abaza O A, Hussein Z S. Flexural behavior of steel fiber-reinforced rubberized concrete [J]. Journal of Materials in Civil Engineering, 2016, 28 (1): 04015076.

[3] Al-Akhras N M, Smadi M M. Properties of tire rubber ash mortar [J]. Cement and Concrete Composites, 2004, 26 (7): 821-826.

[4] Al-Mashhadani J. Physical properties and impact resistance of rubber tyre waste concrete [D]. Baghdad: Baghdad University, 2001.

[5] Al-Tayeb M M, Abu Bakar B H, Ismail H, et al. Effect of partial replacement of sand by fine crumb rubber on impact load behavior of concrete beam: experiment and nonlinear dynamic analysis [J]. Materials and Structures, 2013, 46 (8): 1299-1307.

[6] Al-Tayeb M M, Bakar B H, Akil H M, et al. Performance of Rubberized and Hybrid Rubberized Concrete Structures under Static and Impact Load Conditions [J]. Experimental Mechanics, 2013, 53 (3): 377-384.

[7] Atahan A O, Sevim U K. Testing and comparison of concrete barriers containing shredded waste tire chips [J]. Materials Letters, 2008, 62 (21/22): 3754-3757.

[8] Atahan A O, Yücel A Ö. Crumb rubber in concrete: static and dynamic evaluation [J]. Construction and Building Materials, 2012, 36: 617-622.

[9] Bai E L, Xu J Y, Lu S, et al. Comparative study on the dynamic properties of lightweight porous concrete [J]. RSC Advances, 2018, 8 (26): 14454-14461.

[10] Barnes B D, Diamond S, Dolch W L. Micromorphology of the interfacial zone around aggregates in portland cement mortar [J]. Journal of the American Ceramic Society, 1979, 62 (1/2): 21-24.

[11] Benazzouk A, Douzane O, Mezreb K, et al. Physico-mechanical properties of aerated cement composites containing shredded rubber waste [J]. Cement and Concrete Composites, 2006, 28 (7): 650-657.

[12] Bernal S A, de Gutiérrez R M, Pedraza A L, et al. Effect of binder content on the performance of alkali-activated slag concretes [J]. Cementand Concrete Research, 2011, 41

(1): 1-8.

[13] Beton C E I D. CEB-FIP Model Code 1990 [M]. London: Thomas Telford Publishing, 1993.

[14] Bignozzi M C, Sandrolini F. Tyre rubber waste recycling in self-compacting concrete [J]. Cement and Concrete Research, 2006, 36 (4): 735-739.

[15] Birtel V, Mark P. Parameterised finite element modelling of RC beam shear failure [C] //Proceedings of Boston: the 19th annual international ABAQUS users' conference, 2006: 95-108.

[16] Bischoff P H, and Perry S H. Compressivebehaviour of concrete at high strain rates [J]. Materials and Structures, 1991, 24 (6): 425-450.

[17] Bortolotti L. Double punch test for tensile and compressive strengths in concrete [J]. ACI Materials Journal, 1988, 85 (1): 26-32.

[18] Bu J W, Tian Z H. Relationship between pore structure and compressive strength of concrete: experiments and statistical modeling [J]. Sadhana, 2016, 41 (3): 337-344.

[19] Cachim P B, Figueiras J A, Pereira P A A. Fatigue behavior of fiber-reinforced concrete in compression [J]. Cement and Concrete Composites, 2002, 24 (2): 211-217.

[20] Chen B, Liu J. Damage in carbon fiber-reinforced concrete, monitored by both electrical resistance measurement and acoustic emission analysis [J]. Construction and Building Materials, 2008, 22 (11): 2196-2201.

[21] Chen F, Qiu B W, Wang B, et al. Balanced toughening and strengthening of ethylene-propylene rubber toughened isotactic polypropylene using a poly (styrene-b-ethylene-propylene) diblock copolymer [J]. RSC Advances, 2015, 5 (27): 20831-20837.

[22] Chen H B, Xu B, Mo Y L, et al. Behavior of meso-scale heterogeneous concrete under uniaxial tensile andcompressive loadings [J]. Construction and Building Materials, 2018, 178: 418-431.

[23] Chen W F, Colgrove T A. Double punch test for tensile strength of concrete [J]. Transportation Research Record, 1974, 504 (7): 43-50.

[24] Chen W F, Drucker D C. Bearing capacity of concrete blocks or rock [J]. Journal of the Engineering Mechanics Division, 1969, 95 (4): 955-978.

[25] Chen X D, Bu J W, Fan X Q, et al. Effect of loading frequency and stress level on low cycle fatigue behavior of plain concrete in direct tension [J]. Construction and Building Materials, 2017, 133: 367-375.

[26] Chen X D, Ge L M, Yuan H T. Effect of prestatic loading on dynamic tensile strength of concrete under high strain rates [J]. Journal of Materials in Civil Engineering, 2016, 28 (12): 06016018.

[27] Chen X D, Ge L M, Zhou J K, et al. Dynamic Brazilian test of concrete using split Hopkinson pressure bar [J]. Materials and Structures, 2016, 50 (1): 1-15.

[28] Chen X D, Ge L M, Zhou J K, et al. Experimental study on split Hopkinson pressure bar

pulse-shaping techniques for concrete [J]. Journal of Materials in Civil Engineering, 2016, 28 (5): 04015196.

[29] Chen X D, Liu Z H, Guo S S, et al. Experimental study on fatigue properties of normal and rubberized self-compacting concrete under bending [J]. Construction and Building Materials, 2019, 205: 10-20.

[30] Chen X D, Wu S X, Zhou J K. Experimental and modeling study of dynamic mechanical properties of cement paste, mortar and concrete [J]. Construction and Building Materials, 2013, 47: 419-430.

[31] Chen X D, Wu S X, Zhou J K. Quantification of dynamic tensile behavior of cement-based materials [J]. Construction and Building Materials, 2014, 51 (51): 15-23.

[32] Chen X D, Xu L Y, Bu J W. Experimental study and constitutive model on complete stress-strain relations of plain concrete in uniaxial cyclic tension [J]. KSCE Journal of Civil Engineering, 2017, 21 (5): 1829-1835.

[33] Chen X D, Xu L Y, Wu S X. Influence of pore structure on mechanical behavior of concrete under high strain rates [J]. Journal of Materials in Civil Engineering, 2016, 28 (2): 04015110.

[34] Colombo I S, Main I G, Forde M C. Assessing damage of reinforced concrete beam using b-value analysis of Acoustic emission signals [J]. Journal of Materials in Civil Engineering, 2003: 280-286.

[35] Delvare F, Hanus J L, Bailly P. A non-equilibrium approach to processing Hopkinson bar bending test data: Application to quasi-brittle materials [J]. International Journal of Impact Engineering, 2010, 37 (12): 1170-1179.

[36] Deo O, Neithalath N. Compressive response of pervious concretes proportioned for desired porosities [J]. Construction and Building Materials, 2011, 25 (11): 4181-4189.

[37] Dong Q, Huang B S, Shu X. Rubber modified concrete improved by chemically active coating and silane coupling agent [J]. Construction and Building Materials, 2013, 48: 116-123.

[38] Dong S F, Han B G, Yu X, et al. Dynamic impact behaviors and constitutive model of super-fine stainless wire reinforced reactive powder concrete [J]. Construction and Building Materials, 2018, 184: 602-616.

[39] Dowling N E. Mechanical behavior of materials: engineering methods for deformation, fracture, andfatigue [Z]. 1997.

[40] Eldin N N, Senouci A B. Rubber-tire particles as concrete aggregate [J]. Journal of Materials in Civil Engineering, 1993, 5 (4): 478-496.

[41] El-Kashif K F, Maekawa K. Time-dependent nonlinearity of compression softening in concrete [J]. Journal of Advanced Concrete Technology, 2004, 2 (2): 233-247.

[42] Fattuhi N I, Clark L A. Cement-based materials containing shredded scrap truck tyre rubber [J]. Construction and Building Materials, 1996, 10 (4): 229-236.

［43］Feng W H, Liu F, Yang F, et al. Experimental study on dynamic split tensile properties of rubber concrete ［J］. Construction and Building Materials, 2018, 165: 675-687.

［44］Frew D J, Forrestal M J, Chen W. Pulse shaping techniques for testing brittle materials with a splitHopkinson pressure bar ［J］. Experimental Mechanics, 2002, 42 （1）: 93-106.

［45］Fu Q, Niu D, Zhang J, et al. Dynamic compressive mechanical behaviour and modelling of basalt- polypropylene fibre-reinforced concrete ［J］. Archives of Civil and Mechanical Engineering, 2018, 18 （3）: 914-927.

［46］Fu Q, Xie Y J, Long G C, et al. Impact characterization and modelling of cement and asphalt mortar based on SHPB experiments ［J］. International Journal of Impact Engineering, 2017, 106: 44-52.

［47］Ganjian E, Khorami M, Maghsoudi A A. Scrap-tyre-rubber replacement for aggregate and filler in concrete ［J］. Construction and Building Materials, 2009, 23 （5）: 1828-1836.

［48］Gao J M, Sun W, Morino K. Mechanical properties of steel fiber-reinforced, high-strength, lightweight concrete ［J］. Cement and Concrete Composites, 1997, 19 （4）: 307-313.

［49］Gao L, Hsu C T T. Fatigue of concrete under uniaxial compression cyclic loading ［J］. ACI Materials Journal, 1998, 95 （5）: 575-581.

［50］Garboczi E J, Bentz D P. Analytical formulas for interfacial transition zone properties ［J］. Advanced Cement Based Materials, 1997, 6 （3/4）: 99-108.

［51］Girskas G, Nagrockiene D. Crushed rubber waste impact of concrete basic properties ［J］. Construction and Building Materials, 2017, 140: 36-42.

［52］Grinys A, Sivilevicius H, Pupeikis D, et al. Fracture of concrete containing crumb rubber ［J］. Journal of Civil Engineering and Management, 2013, 19 （3）: 447-455.

［53］Grote D L, Park S W, and Zhou M. Dynamic behavior of concrete at high strain rates and pressures: I. experimental characterization ［J］. International Journal of Impact Engineering, 2001, 25 （9）: 869-886.

［54］Guo Z. Experimental investigation of the complete stress-strain curve of concrete ［J］. Journal of Building Structures, 1982 （1）: 1-12.

［55］Gupta T, Chaudhary S, Sharma R K. Mechanical and durability properties of waste rubber fiber concrete with and without silica fume ［J］. Journal of Cleaner Production, 2016, 112: 702-711.

［56］Gupta T, Sharma R K, Chaudhary S. Impact resistance of concrete containing waste rubber fiber and silica fume ［J］. International Journal of Impact Engineering, 2015, 83: 76-87.

［57］Gupta T, Tiwari A, Siddique S, et al. Response assessment under dynamic loading and microstructural investigations of rubberized concrete ［J］. Journal of Materials in Civil Engineering, 2017, 29 （8）: 04017062.

[58] Haneef T, Venkatachalapathy V, Mukhopadhyay C, et al. Monitoring damage evolution of concrete prisms under cyclic incremental loading by acoustic emission [Z]. 2016.

[59] Hartmann T, Pietzsch A, and Gebbeken N. A hydrocode material model for concrete [J]. International Journal of Protective Structures, 2010, 1 (4): 443-468.

[60] Heitzman M. Design and construction of asphalt paving materials with crumb rubber modifier [J]. Thorax, 1992, 47 (2): 171-174.

[61] Hernández-Olivares F, Barluenga G, Bollati M, et al. Static and dynamic behaviour of recycled tyre rubber-filled concrete [J]. Cement and Concrete Research, 2002, 32 (10): 1587-1596.

[62] Hernández-Olivares F, Barluenga G. Fire performance of recycled rubber-filled high-strength concrete [J]. Cement and Concrete Research, 2004, 34 (1): 109-117.

[63] Ho A C, Turatsinze A, Hameed R, et al. Effects of rubber aggregates from grinded used tyres on the concrete resistance to cracking [J]. Journal of Cleaner Production, 2012, 23 (1): 209-215.

[64] Holmes N, Browne A, Montague C. Acoustic properties of concrete panels with crumb rubber as a fine aggregate replacement [J]. Construction and Building Materials, 2014, 73: 195-204.

[65] Hsu T T C. Fatigue and microcracking of concrete [J]. Matériaux et Construction, 1984, 17 (1): 51-54.

[66] Huang B S, Shu X, Cao J Y. A two-staged surface treatment to improve properties of rubber modified cement composites [J]. Construction and Building Materials, 2013, 40: 270-274.

[67] Huang Y J, Yang Z J, Ren W Y, et al. 3D meso-scale fracture modelling and validation of concrete based on in-situ X-ray computed tomography images using damage plasticity model [J]. International Journal of Solidsand Structures, 2015, 67/68: 340-352.

[68] Ismail M K, Hassan A A A. Impact resistance and acoustic absorption capacity of self-consolidating rubberized concrete [J]. ACI Materials Journal, 2016, 113 (6): 725-736.

[69] Isojeh B, El-Zeghayar M, Vecchio F J. Concrete damage under fatigue loading in uniaxial compression [J]. ACI Materials Journal, 2017, 114 (2): 225-235.

[70] Isojeh B, El-Zeghayar M, Vecchio F J. Fatigue behavior of steel fiber concrete in direct tension [J]. Journal of Materials in Civil Engineering, 2017, 29 (9): 04017130.

[71] Jakobsen A K. Fatigue of concrete beams and columns [J]. NTHInstitut for beton konstruksjoner, Trondheim, 1970, 70 (1).

[72] Jentzsch J, Krause K, Marz J, et al. Testing method and device for the determination of mechanical-properties of rubber blends and rubber products [J]. Plaste Kautsch, 1981, 28 (11): 625-628.

[73] Ji X, Chan S Y N, Feng N. Fractal model for simulating the space-filling process of cement hydrates and fractal dimensions of pore structure of cement-based materials [J]. Ce-

ment and Concrete Research, 1997, 27 (11): 1691-1699.

[74] Jiang F. The research on the dynamic behavior on rubberized concrete by using splitHopkinson pressure bar [D]. Changsha: Hunan University, 2004.

[75] Kardos A J. Beneficial use of crumb rubber in concrete mixtures [D]. Akron: University of Akron, 2007.

[76] Katayama M, Itoh M, Tamura S, et al. Numerical analysis method for the RC and geological structures subjected to extreme loading by energetic materials [J]. International Journal of Impact Engineering, 2007, 34 (9): 1546-1561.

[77] Khaloo A R, Dehestani M, Rahmatabadi P. Mechanical properties of concrete containing a high volume of tire-rubber particles [J]. Waste Management, 2008, 28 (12): 2472 -2482.

[78] Khatib Z K, Bayomy F M. Rubberized Portland cement concrete [J]. Journal of Materials in Civil Engineering, 1999, 11 (3): 206-213.

[79] Kim B, and Weiss W J. Using acoustic emission to quantify damage in restrained fiber-reinforced cement mortars [J]. Cement and Concrete Research, 2003, 33 (2): 207-214.

[80] Kolluru S V, ONeil E F, Popovics J S, et al. Crack propagation in flexural fatigue of concrete [J]. Journal of Engineering Mechanics, 2000, 126 (9): 891-898.

[81] Kravchuk R, Landis E N. Acoustic emission-based classification of energy dissipation mechanisms during fracture of fiber-reinforced ultra-high-performance concrete [J]. Construction and Building Materials, 2018, 176: 531-538.

[82] Lai J J, Sun W. Dynamic behaviour and visco-elastic damage model of ultra-high performance cementitious composite [J]. Cement and Concrete Research, 2009, 39 (11): 1044 -1051.

[83] Lee M K, Barr B I G. An overview of the fatigue behaviour of plain and fibre reinforced concrete [J]. Cement and Concrete Composites, 2004, 26 (4): 299-305.

[84] Lee S, Kim K M, Cho J Y. Investigation into pure rate effect on dynamic increase factor for concrete compressive strength [J]. Procedia engineering, 2017, 210: 11-17.

[85] Li B, Xu L H, Chi Y, et al. Experimental investigation on the stress-strain behavior of steel fiber reinforced concrete subjected to uniaxial cyclic compression [J]. Construction and Building Materials, 2017, 140: 109-118.

[86] Li G Q, Stubblefield M A, Garrick G, et al. Development of waste tire modified concrete [J]. Cement and Concrete Research, 2004, 34 (12): 2283-2289.

[87] Li L J, Ruan S, Zeng L. Mechanical properties and constitutive equations of concrete containing a low volume of tire rubber particles [J]. Construction and Building Materials, 2014, 70: 291-308.

[88] Li Q M, Meng H. About the dynamic strength enhancement of concrete-like materials in a split Hopkinson pressure bar test [J]. International Journal of Solidsand Structures, 2003, 40 (2): 343-360.

[89] Li Q M, Reid S R, Wen H M, et al. Local impact effects of hard missiles on concrete targets [J]. International Journal of Impact Engineering, 2005, 32 (1/2/3/4): 224-284.

[90] Li X, Rao F, Song S X, et al. Effects of aggregates on the mechanical properties and microstructure of geothermal metakaolin-based geopolymers [J]. Results in Physics, 2018, 11: 267-273.

[91] Li Z W, Xu J Y, Bai E L. Static and dynamic mechanical properties of concrete after high temperature exposure [J]. Materials Science and Engineering A, 2012, 544: 27-32.

[92] Liu F, Chen G X, Li L J, et al. Study of impact performance of rubber reinforced concrete [J]. Construction and Building Materials, 2012, 36: 604-616.

[93] Liu F, Meng L Y, Chen G X, et al. Dynamic mechanicalbehaviour of recycled crumb rubber concrete materials subjected to repeated impact [J]. Materials Research Innovations, 2015, 19 (Sup8): S8-496.

[94] Liu F, Meng L Y, Ning G F, et al. Fatigue performance of rubber-modified recycled aggregate concrete (RRAC) for pavement [J]. Construction and Building Materials, 2015, 95: 207-217.

[95] Ma Q Y, Gao C H. Effect of basalt fiber on the dynamic mechanical properties of cement-soil in SHPB test [J]. Journal of Materials in Civil Engineering, 2018, 30 (8): 04018185.

[96] Main I G, Meredith P G, Jones C. A reinterpretation of the precursory seismic b-value anomaly from fracture mechanics [J]. Geophysical Journal International, 1989, 2010, 96 (1): 131-138.

[97] Marvin G. Analysis and testing of waste tire fiber modified concrete [D]. Baton Rouge: Louisiana State University, 2005.

[98] Matthews J R. Acoustic emission [M]. [s. l.]: CRC Press, 1983.

[99] Medeiros A, Zhang X X, Ruiz G, et al. Effect of the loading frequency on the compressive fatigue behavior of plain and fiber reinforced concrete [J]. International Journal of Fatigue, 2015, 70: 342-350.

[100] Medina N F, Medina D F, Hernández-Olivares F, et al. Mechanical and thermal properties of concrete incorporating rubber and fibres from tyre recycling [J]. Construction and Building Materials, 2017, 144: 563-573.

[101] Mohammed B S, Hossain K M, Swee J, et al. Properties of crumb rubber hollow concrete block [J]. Journal of Cleaner Production, 2012, 23 (1): 57-67.

[102] Molins C, Aguado A, Marí A R. Quality control test for SFRC to be used in precast segments [J]. Tunnelling and Underground Space Technology, 2006, 21 (3/4): 423-424.

[103] Molins C, Aguado A, Saludes S. Double punch test to control the energy dissipation in tension of FRC (barcelona test) [J]. Materials and Structures, 2009, 42 (4): 415-425.

[104] Moustafa A, ElGawady M A. Dynamic properties of high strength rubberized concrete [J]. ACI Spec Publ, 2017, 314: 1-22.

[105] Moustafa A, ElGawady M A. Mechanical properties of high strength concrete with scrap tire rubber [J]. Construction and Building Materials, 2015, 93: 249-256.

[106] Murr L E, Staudhammer K P, and Hecker S S. Effects of strain state and strain rate on deformation-induced transformation in 304 stainless steel: Part II. Microstructural study [J]. Metall Trans A, 1982, 13 (4): 627-635.

[107] Nagataki S, and Fujiwara H. Self-compacting property of highly flowable concrete [J]. Specail Publition, 1995, 154: 301-314.

[108] Ngo T, Mendis P, and Krauthammer T. Behavior of ultrahigh-strength prestressed concrete panels subjected to blast loading [J]. Journal of Structural Engineering, 2007, 133 (11): 1582-1590.

[109] Oh B H. Fatigue-life distributions of concrete for various stress levels [J]. ACI Materials Journal, 1991, 88 (2): 122-128.

[110] Ohtsu M, Shiotani T, Haya H, et al. Damage quantification for concrete structures by improved B-value analysis of ae [M]. Earthquakes and Acoustic Emission, [s. l.]: Taylor and Francis, 2007: 180-189.

[111] Onuaguluchi O, Panesar D K. Hardened properties of concrete mixtures containing pre-coated crumb rubber and silica fume [J]. Journal of Cleaner Production, 2014, 82: 125 -131.

[112] Pacheco-Torgal F, Ding Y N, Jalali S. Properties and durability of concrete containing polymeric wastes (tyre rubber and polyethylene terephthalate bottles): An overview [J]. Construction and Building Materials, 2012, 30: 714-724.

[113] Paris P, Erdogan F. A critical analysis of crack propagation laws [J]. Journal of Basic Engineering, 1963, 85 (4): 528-533.

[114] Park T. Development of analytical model relating compressive strength in porous ceramics to mercury intrusion porosimetry-derived microstructural parameters [D]. Urbana-Champaign: University of Illinois at Urbana-Champaign, 1993.

[115] Phillips D V, Wu K, Zhang B. Effects of loading frequency and stress reversal on fatigue life of plain concrete [J]. Magazine of Concrete Research, 1996, 48 (177): 361-375.

[116] Pierce C E, Blackwell M C. Potential of scrap tire rubber as lightweight aggregate in flowable fill [J]. Waste Management, 2003, 23 (3): 197-208.

[117] Pros A, Díez P, Molins C. Numerical modeling of the double punch test for plain concrete [J]. International Journal of Solids Structures, 2011, 48 (7/8): 1229-1238.

[118] Raad L, Saboundjian S. Fatigue behavior of rubber-modified pavements [J]. Transportation Research Record Journal of the Transportation Research Board, 1998, 1639 (1): 73-82.

[119] Raghavan D, Huynh H, Ferraris C F. Workability, mechanical properties, and chemical stability of a recycledtyre rubber-filled cementitious composite [J]. Journal of Materials Science, 1998, 33 (7): 1745-1752.

［120］RedaTaha M M, El-Dieb A S, Abd El-Wahab M A A, et al. Mechanical, fracture, and microstructural investigations of rubber concrete ［J］. Journal of Materials in Civil Engineering, 2008, 20 (10)：640-649.

［121］Rogers L. Acoustic emission-techniques andapplication ［Z］. 2017.

［122］Ross C A, Tedesco J W, andKuennen S T. Effects of strain rate on concrete strength ［J］. ACI Materials Journal, 1995, 92 (1)：37-47.

［123］Roychand R, Gravina R J, Yan Z G, et al. A comprehensive review on the mechanical properties of waste tire rubber concrete ［J］. Construction and Building Materials, 2020, 237：117651.

［124］Sain T, Kishen J M. Residual fatigue strength assessment of concrete considering tension softening behavior ［J］. International Journal of Fatigue, 2007, 29 (12)：2138-2148.

［125］Segre N, Joekes I, Galves A D, et al. Rubber-mortar composites：Effect of composition on properties ［J］. Journal of materials science, 2004, 39 (10)：3319-3327.

［126］Segre N, Ostertag C, Monteiro P J M. Effect of tire rubber particles on crack propagation in cement paste ［J］. Materials Research, 2006, 9 (3)：311-320.

［127］Shah S G, Kishen J M C. Fracture behavior of concrete-concrete interface using acoustic emission technique ［J］. Engineering Fracture Mechanics, 2010, 77 (6)：908-924.

［128］Shah S G, Kishen J M. Use of acoustic emissions in flexural fatigue crack growth studies on concrete ［J］. Engineering Fracture Mechanics, 2012, 87：36-47.

［129］Shah S P. Determination of fracture parameters (K_{Ic}^s and CTOD$_c$) of plain concrete using three-point bend tests ［J］. Materials and Structures, 1990, 23 (6)：457-460.

［130］Shen W G, Shan L, Zhang T, et al. Investigation on polymer-rubber aggregate modified porous concrete ［J］. Construction and Building Materials, 2013, 38 (38)：667-674.

［131］Shi D D, Chen X D. Flexural tensile fracture behavior of pervious concrete under static preloading ［J］. Journal of Materials in Civil Engineering, 2018, 30 (11)：06018015.

［132］Shiotani T, Yuyama S, Li Z W, et al. Application of AE improved b-value to quantitative evaluation of fracture process in concrete materials ［J］. Journal of Acoustic Emission, 2001, 19：118-133.

［133］Shu X, Huang B S. Recycling of waste tire rubber in asphalt and portland cement concrete：an overview ［J］. Construction and Building Materials, 2014, 67：217-224.

［134］Snelson D G, Kinuthia J M, Davies P A, et al. Sustainable construction：composite use of tyres and ash in concrete ［J］. Waste Management, 2009, 29 (1)：360-367.

［135］Son K S, Hajirasouliha I, and Pilakoutas K. Strength and deformability of waste tyre rubber-filled reinforced concrete columns ［J］. Construction and Building Materials, 2011, 25 (1)：218-226.

［136］Su Y, Li J, Wu C Q, et al. Effects of steel fibres on dynamic strength of UHPC ［J］. Construction and Building Materials, 2016, 114：708-718.

［137］Subramaniam K, O' Neil E, Popovics J, et al. Flexural fatigue of concrete：experiments and theoretical model [J]. ASCE Journal of Engineering Mechanics, 2000, 126 (9): 891-898.

[138] Sukontasukkul P, Chaikaew C. Properties of concrete pedestrian block mixed with crumb rubber [J]. Construction and Building Materials, 2006, 20 (7): 450-457.

[139] Tedesco J W, and Ross C A. Strain-rate-dependent constitutive equations for concrete [J]. Journal of Pressure Vessel Technology, 1998, 120 (4): 398-405.

[140] Thomas B S, Gupta R C. A comprehensive review on the applications of waste tire rubber in cement concrete [J]. Renewable and Sustainable Energy Reviews, 2016, 54: 1323 -1333.

[141] TopçuIB, Bilir T. Experimental investigation of some fresh and hardened properties of rubberized self-compacting concrete [J]. Materials and Design, 2009, 30 (8): 3056 -3065.

[142] Topçu I B. The properties of rubberized concretes [J]. Cement and Concrete Research, 1995, 25 (2): 304-310.

[143] Toutanji H A. The use of rubber tire particles in concrete to replace mineral aggregates [J]. Cement and Concrete Composites, 1996, 18 (2): 135-139.

[144] Turatsinze A, Bonnet S, Granju J L. Mechanical characterisation of cement-based mortar incorporating rubber aggregates from recycled worn tyres [J]. Building and Environment, 2005, 40 (2): 221-226.

[145] Turgut P, Yesilata B. Physico-mechanical and thermal performances of newly developed rubber-added bricks [J]. Energy and Buildings, 2008, 40 (5): 679-688.

[146] Twumasiboakye R. Ground tire rubber as a component material in concrete mixtures for paving concrete [J]. Tallahassee: Florida State University, 2014.

[147] van der Wal A, Mulder J J, Oderkerk J, et al. Polypropylene-rubber blends: 1. The effect of the matrix properties on the impact behaviour [J]. Polymer, 1998, 39 (26): 6781-6787.

[148] van der Wal A, Nijhof R, Gaymans R J. Polypropylene-rubber blends: 2. The effect of the rubber content on the deformation and impact behaviour [J]. Polymer, 1999, 40 (22): 6031-6044.

[149] van Mier J G M, van Vliet M R A, Wang T K. Fracture mechanisms in particle composites: statistical aspects in lattice type analysis [J]. Mechanics of Materials, 2002, 34 (11): 705-724.

[150] vanMier J G M, van Vliet M R A. Influence of microstructure of concrete on size/scale effects in tensile fracture [J]. Engineering Fracture Mechanics, 2003, 70 (16): 2281-2306.

[151] Wang C, Chen W, Hao H, et al. Experimental investigations of dynamic compressive properties of roller compacted concrete [J]. Construction and Building Materials, 2018, 168: 671-682.

[152] Wang C, Zhang Y, M Ma A B. Investigation into the fatigue damage process of rubberized concrete and plain concrete by AE analysis [J]. Journal of Materials in Civil Engineering, 2011, 23 (7): 953-960.

[153] Wang J C. Young's modulus of porous materials [J]. Journal of Materials Science, 1984, 19 (3): 809-814.

[154] Weibull W. A statistical theory of the strength of materials [M]. Stockholm: Generalstabens Litografiska Anstalts Förlag, 1939.

[155] Woods A P. Double-punch test for evaluating the performance of steel fiber-reinforced concrete [D]. Ausin: The University of Texas at Austin, 2012.

[156] Xu S L, Reinhardt H W. A simplified method for determining double-K fracture parameters for three-point bending tests [J]. International Journal of Fracture, 2000, 104 (2): 181-209.

[157] Xu Y F. Calculation of unsaturated hydraulic conductivity using a fractal model for the pore-size distribution [J]. Computers and Geotechnics, 2004, 31 (7): 549-557.

[158] Xue J, and Shinozuka M. Rubberized concrete: a green structural material with enhanced energy-dissipation capability [J]. Construction and Building Materials, 2013, 42: 196-204.

[159] Yan P, Fang Q, Zhang J H, et al. Experimental and mesoscopic investigation of spherical ceramic particle concrete under static and impact loading [J]. International Journal of Impact Engineering, 2019, 128: 37-45.

[160] Youssf O, ElGawady M A, Mills J E, et al. An experimental investigation of crumb rubber concrete confined by fibre reinforced polymer tubes [J]. Construction and Building Materials, 2014, 53 (4): 522-532.

[161] Zhang B, Bicanic N, Pearce C J, et al. Relationship between brittleness and moisture loss of concrete exposed to high temperatures [J]. Cement and Concrete Research, 2002, 32 (3): 363-371.

[162] Zhang B. Relationship between pore structure and mechanical properties of ordinary concrete under bending fatigue [J]. Cement and Concrete Research, 1998, 28 (5): 699-711.

[163] Zhang J, Stang H, Li V C. Fatigue life prediction of fiber reinforced concrete under flexural load [J]. International Journal of Fatigue, 1999, 21 (10): 1033-1049.

[164] Zhang Y M, Zhao Z. Internal stress development and fatigue performance of normal and crumb rubber concrete [J]. Journal of Materials in Civil Engineering, 2015, 27 (2): A4014006.

[165] Zheng L, Huo X S, Yuan Y. Strength, modulus of elasticity, and brittleness index of rubberized concrete [J]. Journal of Materials in Civil Engineering, 2008, 20 (11): 692-699.

[166] Zhou J K, Chen X D. Stress-strain behavior and statistical continuous damage model of ce-

ment mortar under high strain rates [J]. Journal of Materials in Civil Engineering, 2013, 25 (1): 120-130.

[167] Zhou X Q, Hao H. Mesoscale modelling of concrete tensile failure mechanism at high strain rates [J]. Computers and Structures, 2008, 86 (21/22): 2013-2026.

[168] Zhou X Q, Hao H. Modelling of compressivebehaviour of concrete-like materials at high strain rate [J]. International Journal of Solids and Structures, 2008, 45 (17): 4648-4661.

[169] Zhu H, Thong-On N, Zhang X. Adding crumb rubber into exterior wall materials [J]. Waste Management and Research, 2002, 20 (5): 407-413.

[170] Zhu X B, Miao C W, Liu J, et al. Influence of crumb rubber on frost resistance of concrete and effect mechanism [J]. Procedia Engineering, 2012, 27: 206-213.

[171] 陈忠购. 基于声发射技术的钢筋混凝土损伤识别与劣化评价 [D]. 杭州: 浙江大学, 2018.

[172] 郭永昌, 刘锋, 陈贵炫, 等. 橡胶混凝土的冲击压缩试验研究 [J]. 建筑材料学报, 2012, 15 (1): 139-144.

[173] 李建涛. 基于声发射技术的混凝土材料损伤识别协同分析 [D]. 乌鲁木齐: 新疆大学, 2019.

[174] 李婕, 周菁, 张浩森. 废旧轮胎综合利用的调研 [J]. 陕西发展和改革, 2012, 6: 34-35.

[175] 李树忱, 程玉民. 基于单位分解法的无网格数值流形方法 [J]. 力学学报, 2004, 36 (4): 496-500.

[176] 刘欣, 朱德懋. 基于单位分解的新型有限元方法研究 [J]. 计算力学学报, 2000, 17 (4): 422-427.

[177] 龙广成, 李宁, 薛逸骅, 等. 冲击荷载作用下掺橡胶颗粒自密实混凝土的力学性能 [J]. 硅酸盐学报, 2016, 44 (8): 1081-1090.

[178] 陆永其. 我国废橡胶资源利用行业的现状与发展 [J]. 中国橡胶, 2004, 20 (12): 3-7.

[179] 罗福生, 郝二峰, 历从实, 等. 高抗冲磨橡胶混凝土在前坪水库导流洞的应用 [J]. 治淮, 2018 (4): 97-98.

[180] 马文涛, 师俊平, 李宁. 模拟裂纹扩展的单位分解扩展无网格法 [J]. 计算力学学报, 2013, 30 (1): 28-33.

[181] 沈蒲生, 梁兴文. 混凝土结构设计 [M]. 北京: 北京教育出版社, 2003.

[182] 苏毅. 扩展有限元法及其应用中的若干问题研究 [D]. 西安: 西北工业大学, 2016.

[183] 唐帆, 路丽珠, 黎广, 等. 浅析废旧轮胎高值化综合利用新模式 [J]. 轮胎工业, 2020, 40 (2): 71-76.

[184] 吴中伟, 廉慧珍. 高性能混凝土 [M]. 北京: 中国铁道出版社, 1999.

[185] 徐礼华, 梅国栋, 黄乐, 等. 钢-聚丙烯混杂纤维混凝土轴心受拉应力-应变关系研究 [J]. 土木工程学报, 2014, 47 (7): 35-45.

[186] 严青苗. 橡胶混凝土应用于桥面铺装的可行性研究 [D]. 南京: 东南大学, 2011.

[187] 杨珺. 平面裂纹扩展分析的扩展有限元法 [D]. 南京: 南京航空航天大学, 2007.

[188] 张剑洪. 橡胶钢纤维再生骨料混凝土轴压和断裂性能研究 [D]. 广州：广东工业大学，2013.

[189] 赵志远，毕乾，王立燕，等. 废橡胶颗粒改性水泥基材料的塑性开裂和抗冲击性能 [J]. 混凝土与水泥制品，2008，4：1-5.

[190] 中华人民共和国住房和城乡建设部. GB 50010—2010 混凝土结构设计规范 [S]. 北京：中国建筑工程出版社，2011.

[191] 朱军. 我国废旧轮胎综合利用行业实施准入管理的调研报告 [J]. 中国轮胎资源综合利用，2019（4）：14-17.